IT 전문가로 가는 길

ESCORT 자료구조와 STL

장문석 지음

자료구조와 **STL**내부, 사용법을

*Escort*해 드립니다.

IT 전문가로 가는 길

Escort 자료구조와 STL

발 행 일 | 2013년 4월 1일

지 은 이 | 장문석
디 자 인 | 박수정
제 작 | 송재호

펴 낸 곳 | 언제나 휴일 출판사
홈 페 이 지 | www.ehclub.net
카 페 | www.ehclub.co.kr

공 급 처 | 가나북스
홈 페 이 지 | www.gnbooks.co.kr
전 화 | 031) 408-8811(代)
팩 스 | 031) 501-8811

ISBN 978-89-6931-000-2
가격 20,000원

지은이의 말

이 책은 C++언어를 학습한 이들이 보다 효과적인 프로그래밍할 수 있게 자료구조 및 알고리즘에 대해 다루고 있습니다. 보통 자료구조와 알고리즘은 프로그래머가 되기 위해서 반드시 익히고 넘어가야 하는 것으로 잘 알려져 있습니다. 실제로도 학교에서도 이들을 중요하게 다루고 실무에서도 기본적으로 필요한 항목입니다.

ANSI 표준 기구에서는 표준 템플릿 라이브러리(STL)로 다양한 자료구조와 알고리즘 대한 많은 것들을 템플릿 형태의 라이브러리로 제공하고 있습니다. 실제 실무에서도 많이 사용되고 있습니다.

이 책에서는 STL에서 제공되는 벡터 (배열), 리스트 (연결 리스트), 스택과 큐, 맵 (이진 탐색 트리)의 사용법 뿐만 아니라 실제 구현된 내부를 살펴볼 것입니다. 그리고 여러 자료구조를 혼합하여 사용하는 응용 프로그램을 시나리오에서 설계, 구현 과정을 통해 보다 효과적인 자료구조를 선택하고 사용할 수 있는 능력을 키울 수 있습니다.

집필을 하는 동안 수 많은 수강생들과 이미 수료한 제자들의 질문과 격려로 이 책을 출간하게 되었기에 그들에게 감사를 표하는 바입니다. 그리고 디자인과 편집, 인쇄, 유통 등을 도와주시는 가나 북스 대표님과 가나 북스 가족들에게도 고마움을 전합니다.

항상 옆에서 저를 격려해주는 아내 정수와 아들 혁재야, 사랑한다.

장문석

목 차

01

들어가기에
앞서

1. 들어가기에 앞서

1.1 STL 소개

 STL(Standard Template Library, 표준 템플릿 라이브러리)은 개체들을 보관하기 위한 다양한 컨테이너와 이들 컨테이너에 보관된 개체들을 반복적으로 순회할 수 있게 해 주는 반복자, 사용자에서 정의한 코드를 입력 인자로 전달받아 처리할 수 있게 추상화한 함수 개체, 다양한 문제 해결 방법이 구현된 함수들로 구성된 알고리즘 등으로 구성되어 있습니다.

 이 책에서는 STL에 제공되는 일부 컨테이너와 반복자, 함수 개체 및 알고리즘을 소개하는 동시에 기본적인 자료구조에 대한 개념과 구현 방법을 전달할 것입니다. 자료구조를 다루는 수많은 책에서는 한정된 형식의 자료를 보관하는 형태의 예를 들고 있는 것과는 달리 이 책에서는 STL에 제공하는 것처럼 설계와 구현을 함으로써 어떠한 형식이라도 보관할 수 있게 할 것입니다. 이를 통해 여러분은 자료구조뿐만 아니라 C++의 템플릿에 관한 문법을 비교적 충분히 학습할 기회가 생길 것이며 STL에서 제공하는 것들에 대한 설계구조와 구현 능력 및 기본적인 사용방법을 익힐 수 있을 것입니다.

 개정된 STL에서는 namespace std 에 정의되어 있기 때문에 해당 namespace를 사용하겠다는 표시를 하여야 합니다. (이 책은 C++ 문법에 대한 기본적인 학습을 한 이들을 위함을 명시하는 바입니다.)

using namespace std;
using std::[사용할이름];

 STL에서 제공하는 컨테이너 종류에는 선형 자료구조인 vector와 list, 선형 자료구조를 특정 목적에 맞게 변형한 stack, queue, priority_queue가 있으며 자료를 비선형으로 보관하는 set, multiset, map, multimap, hash_map, 기타 컨테이너로 bitset, valarray 등을 제공하고 있습니다. 이 외에도 map이나 multimap에서 사용되는 단순히 키와 값의 쌍으로 구성된 pair를 제공합니다.

STL에서 제공되는 각 컨테이너는 별도의 헤더 파일을 포함하여 사용할 수 있게 되어 있으며 일반적으로 사용하려는 컨테이너 이름과 헤더 파일명은 일치합니다.

```
#include <vector>
using std::vector;
```

이번 장에서 설명하는 예제 코드들은 이 책에서 다루는 내용을 미리 보여주는 것일 뿐 어떠한 문법 사항이나 코드에 대한 설명을 위한 것이 아닙니다.

STL에서 제공하는 반복자는 컨테이너의 종류에 상관없이 컨테이너의 특정 구간에 보관된 개체들에 대해 차례대로 같은 방법으로 작업할 때 사용합니다. 실제 각 컨테이너의 자료를 보관하는 구조에 따라 각 반복자의 구현은 다르게 정의되어 있지만 같은 방법으로 사용할 수 있습니다. 그리고 반복자의 간접 연산을 하면 컨테이너에 보관한 원소 형식으로 캐스팅됩니다. 하지만 반복자를 얻어온 후에 원소를 추가하거나 삭제하면 컨테이너 구조가 바뀌어 기존에 얻어온 반복자는 의미가 없게 됩니다. 다음은 반복자를 이용하는 예제 코드입니다.

```
vector<int> vi;
... 중략...
vector<int>::iterator seek = vi.begin();
vector<int>::iterator end = vi.end();
for( ; seek != end ; ++seek)
{
    cout<<*seek<<endl;
}


list<int> li;
... 중략...
list <int>::iterator seek = li.begin();
list<int>::iterator end = li.end();
for( ; seek != end ; ++seek)
{
    cout<<*seek<<endl;
}
```

STL에서는 다양한 알고리즘을 라이브러리화하여 제공하고 있습니다. 그리고 일부 알고리즘을 사용자가 결정해야 할 때 함수 개체를 이용할 수 있습니다. 예를 들어, 학생 관리 프로그램에서 학생 이름순으로 정렬할 것인지 번호 순으로 정렬할 것인지에 따라 비교하는 구문은 달라질 수 있는데 이 경우에 비교하는 부분에 대한 알고리즘을 구현하여 이를 정렬을 수행하는 함수에 입력 인자로 전달하면 됩니다.

```cpp
bool Compare(Stu *s,Stu *b)
{
    return s->GetNum()<b->GetNum();
}
vector<Stu *> stues(100);
sort(stues.begin(), stues.end(),Compare);
```

경우에 따라 함수 개체는 함수 호출 연산자를 중복 정의한 형식의 개체일 수도 있는데 이에 대한 부분은 앞으로 진행하면서 소개를 하기로 하겠습니다.

STL에서 제공되는 알고리즘은 다양한 정렬 알고리즘, 검색 알고리즘뿐만이 아니라 수치 해석, 통계와 같은 특수한 목적을 위한 것들도 많습니다. 이 책에서는 컨테이너를 중심으로 반복자와 함수 개체 및 알고리즘을 소개하고 설계 및 구현 방법을 전달할 것입니다.

결국, 이 책은 STL에서 제공되는 다양한 형태의 라이브러리를 개괄적으로 소개하거나 자료구조의 개념을 전달하는 책이 아닙니다. 이 책에서는 STL에서 제공되는 다양한 자료구조와 이와 관련된 것들이 어떠한 구조로 만들어져 있는지를 살펴보고 비슷하게 만들어 보는 과정을 통해 자료구조를 이해를 도와줄 것입니다. 물론, 이 책을 통해 여러분은 STL에서 자주 사용되는 컨테이너나 반복자 및 함수 개체와 관련 알고리즘을 사용하는 방법을 익힐 수 있습니다. 하지만 단순히 STL을 사용하는 방법에 대해서만 다루고 있지 않기 때문에 세부적인 사항까지 알고 사용하기 위해서는 별도의 학습이 필요할 수 있습니다.

1.2 이 책에서 공통적으로 사용하는 것들

앞으로 이 책에서 사용할 클래스 ehglobal을 소개를 하겠습니다. ehglobal 클래스에는 이 책에 소개되는 전반적인 예제 프로그램에서 공통으로 사용할 만한 함수들을 정적 멤버 메서드로 캡슐화되어 있습니다. 이 책에 공통으로 사용 가능한 것들에 대한 정의에서는 형식 명과 메서드 명 모두 소문자만을 사용하고 있습니다.

먼저, 콘솔 화면을 지우는 메서드로 clrscr을 제공할 것입니다.

```
static void clrscr();
```

사실, 메서드 내에서 하는 작업은 단순히 친 명령을 system 함수를 이용하는 것밖에 없습니다. 여기에서는 자주 사용하는 함수들을 ehglobal 클래스의 정적 멤버 메서드로 캡슐화하여 사용자 편의를 제공하는 것 외에는 특별한 의미가 없습니다. 여러분께서 의미 없다고 생각하시면 무시하셔도 무관합니다.

```
void ehglobal::clrscr()
{
    system("cls");
}
```

그리고 원하는 시간 동안 프로세스를 멈추게 하는 timeflow 메서드를 제공할 것입니다.

```
static void timeflow(int millisecond);
void ehglobal::timeflow(int millisecond)
{
    Sleep(millisecond);
}
```

참고로 Sleep 메서드는 Win32 API에서 제공되는 기능입니다.

정수를 입력받는 메서드로 getnum을 제공하겠습니다.

```
static int getnum();
```

 istream 개체인 cin을 사용을 하여 cin>>num; 과 같은 구문으로 정수를 입력을 받게 되면 사용자가 잘못 입력하거나 정수 이외에 다른 문자열을 포함하여 입력한다면 기본 입력 버퍼에 계속 남아있게 되어 원하는 바대로 수행되지 않습니다. 요청에 맞게 사용자가 제대로 입력한다면 큰 문제가 없겠지만 그렇지 않으면 이후의 동작은 원하지 않는 방향으로 진행될 것입니다. 그리고 실무 프로그램을 작성하는 것일 경우에 사용자의 사소한 실수로 후속 작업에 영향을 미치는 것은 바람직하지 않을 것입니다.

 여기에서는 cin개체의 getline 메서드로 사용자가 입력한 stream(아스키코드의 연속된 나열로써 연속의 끝은 '₩n'이다. 참고로, 문자열은 '₩0'가 오기 전까지의 아스키코드의 연속된 나열입니다.)을 지역 변수에 입력받습니다. 그리고 입력 버퍼를 지운 다음에 입력된 stream을 정수로 치환하여 반환하게 하였습니다.

```
int ehglobal::getnum()
{
    int num;
    char buf[255+1];
    cin.getline(buf,255);
    cin.clear();
    sscanf(buf,"%d",&num);
    return num;
}
```

문자열을 입력받는 메서드로 getstr을 제공하겠습니다.

```
static string getstr();
```

마찬가지로 cin>>name; 과 같은 형태로 문자열을 입력받으면 공백이나 탭이 중간에 오게 입력을 하면 그 이전까지만 입력을 받게 됩니다. 그리고 입력 버퍼에는 여전히 그 이후의 문자들이 남아있게 되어 다음에 입력 요청을 하면 새롭게 입력받지 않고 남아있는 데이터를 이용하게 됩니다. 이를 방지하기 위해 getstr을 제공하고 있습니다.

```
string ehglobal::getstr()
{
    char buf[255+1];
    cin.getline(buf,255);
    cin.clear();
    return buf;
}
```

그리고 메뉴를 입력받는 작업과 같이 기능 키를 입력받기 위한 메서드 getkey를 제공하겠습니다. 여기에서는 F1~F7까지와 ESC를 제공하기로 하겠습니다.

먼저, 이와 같은 키를 열거형 keydata로 정의하겠습니다.

```
enum keydata
{
    NO_DEFINED,F1,F2,F3,F4,F5,F6,F7,ESC
};
```

기능 키를 입력받는 메서드에서는 사용자로부터 입력받은 키를 keydata 형식에 열거된 값으로 변환하여 반환하도록 하겠습니다.

```
static keydata getkey();
```

getch 함수를 호출하였을 때 ESC 키를 누르면 27을 반환합니다. 즉, getch 함수가 반환하는 값이 27인 경우에는 keydata 형식에 열거된 ESC를 반환하게 하였습니다.

그리고 기능 키를 누르면 0이 반환되며 다시 getch를 호출하면 사용자로부터 다시 입력을 받지 않고 F1일 경우에는 59, F2일 경우에는 60을 반환합니다. 즉, getch 함수를 호출하여 반환 값이 0이면 다시 getch 함수를 호출하여 반환 값에 따라 F1~F7을 반환하도록 하였습니다. 이 외에는 NO_DEFINED 값을 반환합니다.

```cpp
keydata ehglobal::getkey()
{
    int key = getch();
    if(key == 27)
    {
        return ESC;
    }
    if(key == 0)
    {
        key = getch();
        switch(key)
        {
        case 59:  return F1;
        case 60:  return F2;
        case 61:  return F3;
        case 62:  return F4;
        case 63:  return F5;
        case 64:  return F6;
        case 65:  return F7;
        }
    }
    return NO_DEFINED;
}
```

```cpp
//EHGlobal.h
#pragma once
#pragma warning(disable:4996)
#include <string>
using std::string;
#include <iostream>
using std::cout;
using std::cin;
using std::ostream;
using std::endl;
#include <conio.h>
#include <windows.h>
enum keydata
{
    NO_DEFINED,F1,F2,F3,F4,F5,F6,F7,ESC
};


//공통적으로 사용할 정적 메서드를 캡슐화한 클래스
class ehglobal
{
public:
    static void clrscr();//화면을 지우는 메서드
    static void timeflow(int millisecond); //원하는 시간동안 지연시키는 메서드
    static int getnum();//수를 입력받는 메서드
    static string getstr();//문자열을 입력받는 메서드
    static keydata getkey();//기능 키를 입력받는 메서드
private:
    ehglobal(void){ }//개체를 생성하지 못하게 하기 위해 private으로 접근 지정
    ~ehglobal(void){}
};
```

```cpp
//EHGlobal.cpp
#include "ehglobal.h"

void ehglobal::clrscr()//화면을 지우는 메서드
{
    system("cls");
}

void ehglobal::timeflow(int millisecond) //원하는 시간동안 지연시키는 메서드
{
    Sleep(millisecond);
}

int ehglobal::getnum()//정수를 입력받는 메서드
{
    int num;
    char buf[255+1];
    cin.getline(buf,255); //버퍼에 입력받음
    cin.clear();//cin 내부 버퍼를 지움
    sscanf(buf,"%d",&num); //포맷에 맞게 버퍼에 내용을 정수로 변환
    return num;
}

string ehglobal::getstr()//문자열을 입력받는 메서드
{
    char buf[255+1];
    cin.getline(buf,255);
    cin.clear();
    return buf;
}
```

```
keydata ehglobal::getkey()//기능 키를 입력받는 메서드
{
    int key = getch();


    if(key == 27) //ESC를 누를 때의 key 값이 27임
    {
        return ESC;
    }
    if(key == 0) //기능 키를 눌렀을 때는 getch의 반환값이 0임
    {
        //어떤 기능 키를 눌렀는지 확인하려면 getch를 다시 호출해야 함
        //사용자에게 다시 키를 입력받는 것은 아님
        key = getch();
        switch(key) //입력한 키에 따라 약속된 값 반환
        {
        case 59: return F1;    case 60: return F2;
        case 61: return F3;    case 62: return F4;
        case 63: return F5;    case 64: return F6;
        case 65: return F7;
        }
    }
    return NO_DEFINED; //열거되지 않은 키를 눌렀을 때
}
```

02

vector
(배열)

2. vector (배열)

 STL에서 제공하는 컨테이너 중에서 C++언어에서 제공하는 배열과 가장 흡사한 컨테이너는 vector입니다. vector 내부에는 원소 형식들을 연속적인 프로그램 메모리에 보관할 수 있는 물리적 공간을 가지고 있기 때문에 변수명과 인덱스 연산자를 통해 원하는 원소를 찾을 수 있습니다.

```
vector<int> arr(5);
for(int index = 0; index < 5; ++index)
{
        arr[index] = index+1;
}
```

 C++언어에서 제공되는 배열은 유효하지 않은 인덱스를 통해 접근하였을 때 프로그램이 터지지 않는 경우도 발생합니다. 이러면 개발 단계에서 빠르게 논리적 버그를 찾지 못하여 비용이 커지게 됩니다. 하지만 STL에서 제공하는 vector에서는 보관된 원소의 개수를 기억하는 멤버가 있어 유효한 범위를 벗어난 요소에 접근하면 예외가 발생하여 버그가 존재하는 것을 알 수 있습니다.

 vector에서는 인덱스 연산 이외에도 차례대로 자료를 보관하거나 특정 키순으로 보관할 수 있게 다양한 메서드들을 제공하고 있습니다. 실제 vector를 사용하는 개발자는 프로그램에서 관리할 데이터와 기능에 따라 사용방법을 결정하게 될 것입니다. 이 책에서는 특정 키를 갖는 요소가 vector의 약속된 인덱스에 보관하는 경우와 차례대로 보관, 특정 키순으로 보관하는 경우에 대해서 다룰 것입니다.

 이 책에서 STL을 다루는 것은 자료구조의 특징을 전달하고 범용적으로 사용되는 STL에서 제공되는 것들은 어떠한 구조로 되어있고 어떻게 사용하는지를 살펴보기 위해서입니다. 또한, STL에서 제공하는 것들과 비슷한 구조로 만들어 보는 과정을 통해 자료구조에 대한 이해와 구현 능력 및 STL 사용 능력을 키울 것입니다.

```
void ExVectorLikeArray()
{

    vector<int> arr(5);

    for(int index = 0; index < 5; ++index)
    {
        arr[index] = index+1;
    }

    arr[5] = 8;

}
```

[그림 1] 잘못된 인덱스 사용 시에 에러 메시지 창

2. 1 인덱스 연산을 통해 사용하기

vector에서 인덱스 연산을 사용하면 보관된 요소의 개수에 상관없이 인덱스 연산 한 번으로 원하는 요소에 접근할 수 있습니다. 이러한 장점을 사용하기 위해서는 보관할 요소의 특정 키를 특정 알고리즘을 통해 보관하거나 보관된 위치를 구할 수 있어야 할 것입니다.

보관할 요소의 특정 키를 특정 알고리즘을 통해 보관하거나 보관된 인덱스를 구할 수 있으면 vector를 인덱스 연산을 통해 사용하면 효과적입니다. 그리고 특정 키를 입력 인자로 받았을 때 알고리즘을 통해 얻어온 인덱스의 최대값이 결정될 수 있으면 보다 효과적입니다.

인덱스 연산을 통해 vector를 사용하면 vector 생성 시에 저장소의 크기를 최대값으로 하고 모든 원소를 초기값으로 설정해야 합니다. 사실 vector의 인덱스 연산은 보관된 요소를 참조하기 때문입니다. 그리고 보관하거나 삭제 혹은 검색 등의 작업에서 원하는 인덱스에 있는 값이 초기값인지 여부를 확인하여 사용해야 합니다. vector 개체를 생성할 때 최대 보관할 요소의 개수(사용할 최대 인덱스+1)와 초기값을 입력 인자로 전달하여 생성합니다.

vector< Stu *> base(MAX_STU,0);

만약, vector 개체가 특정 클래스의 멤버 필드로 캡슐화되어 있다면 초기화 과정을 통해 vector의 저장소 크기를 조절하고 초기값으로 모든 요소의 값을 설정하는 작업을 할 필요가 있습니다.

```cpp
typedef vector<Stu *> StuCollection;
class StuManager
{
    StuCollection base;
};
StuManager::StuManager(void)
{
    base.resize(max_stu,0);
}
```

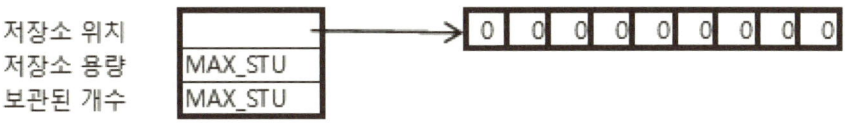

[그림 2] vector 개체의 생성 시의 논리적인 메모리 구조

보관할 때는 보관할 인덱스의 요소를 참조하여 초기값인지 확인할 필요가 있습니다.

```
if(base[num-1])
{
    cout<<"이미 보관된 학생이 있습니다."<<endl;
    return;
}
base[num-1] = new Stu(num,name);
```

삭제할 때도 해당 인덱스의 요소를 참조하여 초기값이 아닌 경우에만 삭제해야 할 것입니다. 삭제할 때에는 보관된 요소를 지우는 것이 아니고 초기값으로 설정하면 됩니다.

```
if(base[num-1]==0)
{
    cout<<"보관된 학생이 없습니다."<<endl;
    return;
}
base[num-1] = 0;
```

보관된 전체 요소에 대해 어떠한 작업을 수행할 때도 실제 보관된 것인지 초기값으로 설정된 것인지 확인하는 과정이 필요합니다.

```
for(int i = 0; i<max_stu; i++)
{
    if(base[i])
    {
        cout<<base[i]<<endl;
    }
}
```

이제 vector의 인덱스 연산을 사용하는 예제 프로그램을 작성해 보기로 합시다.

소재: 학생 관리 프로그램
  요구 사항
    프로그램 시작 시에 관리할 최대 학생 수를 설정할 수 있어야 합니다.
    사용자에 의해 메뉴를 선택하여 선택한 기능을 수행하는 것을 반복합니다.
      학생 정보 추가 (학생의 정보는 번호와 이름이 있습니다.)
      학생 정보 삭제
      번호로 학생 정보 검색
      이름으로 학생 정보 검색
      전체 보기

vector의 인덱스 연산을 사용하는 학생 관리 프로그램은 학생 정보에 대응되는 Stu 클래스와 학생 정보들을 관리하는 StuManager로 구성하겠습니다.

[그림 3] 클래스 다이어그램

먼저, 학생 정보에 해당하는 형식을 정의해 보기로 합시다. 학생 정보에는 번호와 이름이 있어야 하는데 이들에 대한 정보는 생성 시에 입력 인자로 전달받게 할게요. 특히, 학생 번호는 상수화 멤버 필드로 지정하도록 하겠습니다.

```cpp
class Stu
{
    const int num; //상수 멤버 변수, 반드시 초기화해야 함
    string name;
public:
    Stu(int num,string name):   num(num),name(name) //멤버 초기화 구문
    {
    }
};
```

그리고 학생 번호와 이름을 제공하는 메서드를 추가할게요.

```
int GetNum()const {    return num;    }
string GetName()const{    return name;    }
```

마지막으로 개체 출력자를 제공하도록 하겠습니다.

```
friend ostream &operator<<(ostream &os,Stu *stu)
{
    os<<"번호:"<<stu->num<<"이름"<<stu->name<<endl;
    return os;
}
```

```cpp
//Stu.h
#pragma once
#include "EhGlobal.h"
class Stu
{
    const int num; //상수 멤버 변수
    string name;
public:
    Stu(int num,string name): num(num),name(name) //멤버 초기화 구문
    {
    }
    int GetNum()const{    return num;    }
    string GetName()const{    return name;    }
    friend ostream &operator<<(ostream &os,Stu *stu)
    {
        os<<"번호:"<<stu->num<<"이름"<<stu->name<<endl;
        return os;
    }
};
```

이번에는 학생 개체를 관리하는 StuManager를 만들어 봅시다. 먼저, Stu 형식이 정의된 Stu.h를 포함하고 학생 개체를 vector를 이용하여 보관할 것이므로 vector 파일도 포함하세요. vector는 std 이름 공간에 정의되어 있으므로 vector를 사용하겠다는 것을 표현합니다. 그리고 vector는 template 클래스로 제공하고 있어 매번 템플릿 인자를 명시하는 것이 불편하므로 typedef를 이용하여 Stu *를 보관하는 vector를 StuCollection으로 정의하겠습니다.

```cpp
#include "Stu.h"
#include <vector>
using std::vector;
typedef vector<Stu *> StuCollection;
```

StuManager에는 학생 개체들을 보관하기 위한 멤버 필드가 필요하겠죠. 그리고 요구 사항에 명시된 최대 관리 학생 수를 보관할 멤버 필드도 선언하겠습니다.

```cpp
class StuManager
{
    StuCollection base;
    const int max_stu;
};
```

StuManager를 사용하는 곳은 진입점인 main 함수 외에는 없습니다. 이를 위해 생성자와 소멸자, 사용자와 상호작용하는 Run 메서드를 제공할게요.

```cpp
StuManager(void);
~StuManager(void);
void Run();
```

생성자 메서드에서는 요구 사항에 따라 최대 관리할 학생 수를 설정해야 합니다. 최대 관리할 학생 수를 관리하는 멤버 필드인 max_stu가 상수화 멤버 필드로 지정되어 있으므로 초기화 기법을 사용해야겠지요. 그리고 최대 관리할 학생 수는 사용자에게 입력받아 설정하면 됩니다. 최대 학생 수가 지정되면 vector의 버퍼공간을 늘려주기 위해 resize 메서드를 이용하여 저장소의 크기를 늘려주고 모든 요소를 0으로 설정합니다.

```cpp
StuManager::StuManager(void): max_stu(SetMaxStu())//초기화 구문
{
    base.resize(max_stu,0); //보관한 개수를 max_stu로 조절(늘어난 곳은 0으로 보관)
}
int StuManager::SetMaxStu()
{
    cout<<"최대 관리할 학생 수를 입력하세요"<<endl;
    return ehglobal::getnum();
}
```

Run 메서드에서는 사용자에게 메뉴를 선택하게 하고 선택한 메뉴에 따라 해당 기능을 호출하는 것을 반복하면 되겠죠.

```cpp
int key=0;
while((key = SelectMenu())!= ESC)
{
    switch(key)
    {
    case F1: AddStu(); break; //학생 추가
    case F2: RemoveStu(); break; //학생 삭제
    case F3: SearchStuByNum(); break; //번호로 학생 검색
    case F4: SearchStuByName(); break; //이름으로 학생 검색
    case F5: ListAll(); break; //전체 보기
    default: cout<<"잘못된 메뉴를 선택하였습니다."<<endl;
    }
    cout<<"아무키나 누르세요"<<endl;
    ehglobal::getkey();
}
```

Run 메서드에서 호출하는 각 메서드들은 StuManager 내부에서만 필요한 멤버이므로 다른 곳에서 접근할 수 없게 private으로 접근 수준을 지정하면 됩니다.

```cpp
class StuManager
{
private:
    keydata SelectMenu();//메뉴를 보여주고 메뉴를 입력 받는 메서드
    void AddStu();//학생 추가 메서드
    void RemoveStu();//학생 제거 메서드
    void SearchStuByNum();//번호로 학생 검색 메서드
    void SearchStuByName();//이름으로 학생 검색 메서드
    void ListAll();//전체 보기 메서드
    int SetMaxStu();//관리할 수 있는 최대 학생수를 입력받아 설정하는 메서드
};
```

SelectMenu 메서드에서는 메뉴를 보여주고 난 후에 사용자가 입력한 키를 반환하세요.

```cpp
keydata StuManager::SelectMenu()
{
    ehglobal::clrscr();
    cout<<"메뉴 [ESC]:종료"<<endl;
    cout<<"[F1]:학생 추가 [F2]:학생 삭제 [F3]:번호로 검색 ";
    cout<< "[F4]:이름으로 검색 [F5]:전체 보기"<<endl;
    cout<<"메뉴를 선택하세요"<<endl;
    return ehglobal::getkey();
}
```

AddStu 메서드에서는 추가할 학생의 번호를 입력받은 후에 존재 여부를 확인합니다. 만약, 보관된 학생 정보가 없으면 추가할 학생의 이름 정보를 입력받아 Stu 개체를 생성하고 vector에 보관하면 될 것입니다. 여기에서는 vector의 인덱스 연산을 사용하는 예이므로 해당 학생 번호를 가지고 보관할 인덱스를 구합시다. 그리고 해당 인덱스에 보관된 값이 0인지 확인을 통해 이미 보관되었는지 확인하면 될 것입니다. 보관할 때도 인덱스 연산을 통하여 생성한 Stu 개체 정보를 대입하면 됩니다. StuManager에서는 생성한 Stu 개체의 정보를 보관하는 것이지만 vector 내부에서는 해당 인덱스에 있는 요소를 변경하는 것입니다.

```cpp
void StuManager::AddStu()
{
    int num = 0;

    cout<<"추가할 학생 번호를 입력하세요. 1~"<<max_stu<<endl;
    num = ehglobal::getnum();

    if((num<=0)||(num>max_stu))
    {
        cout<<"범위를 벗어났습니다."<<endl;
        return;
    }

    if(base[num-1]) //번호 -1 위치에 보관하기로 했음, 초기에 0으로 보관했음
    {
        cout<<"이미 보관된 학생이 있습니다."<<endl;
        return;
    }

    string name = "";
    cout<<"이름을 입력하세요"<<endl;
    name = ehglobal::getstr();
    base[num-1] = new Stu(num,name);
}
```

RemoveStu 메서드에서는 삭제할 학생의 번호를 입력받은 후에 존재 여부를 확인하여 있다면 해당 Stu 개체를 소멸하고 해당 인덱스 요소의 값을 0으로 지정하면 되겠죠. 앞에서도 얘기했듯이 vector입장에서는 Stu 개체를 보관하거나 삭제하는 것이 아니고 이미 보관된 요소의 정보를 변경하는 것입니다. vector를 사용하는 StuManager에서는 특정 인덱스 요소의 값이 0이면 보관이 안 된 것으로 취급하고 그 이외의 값이면 보관된 것으로 취급하는 것입니다. 즉, vector를 인덱스 연산으로 사용할 때에는 약속된 초기값을 설정하여 해당 인덱스 요소의 값이 초기값인지 아닌지에 따라 보관되었는지를 판단하면 됩니다.

```cpp
void StuManager::RemoveStu()
{
    int num = 0;

    cout<<"삭제할 학생 번호를 입력하세요. 1~"<<max_stu<<endl;
    num = ehglobal::getnum();

    if((num<=0)||(num>max_stu))
    {
        cout<<"범위를 벗어났습니다."<<endl;
        return;
    }
    if(base[num-1]==0)
    {
        cout<<"보관된 학생이 없습니다."<<endl;
        return;
    }
    delete base[num-1]; //개체를 소멸
    base[num-1] = 0;   //초기값으로 다시 설정
}
```

SearchStuByNum 메서드에서는 검색할 학생의 번호를 입력받은 후에 인덱스 연산을 통해 존재 여부를 확인합니다. 있다면 해당 요소의 Stu 개체 정보를 보여주면 되겠죠.

```cpp
void StuManager::SearchStuByNum()
{
    int num = 0;
    cout<<"검색할 학생 번호를 입력하세요. 1~"<<max_stu<<endl;
    num = ehglobal::getnum();

    if((num<=0)||(num>max_stu))
    {
        cout<<"범위를 벗어났습니다."<<endl;
        return;
    }

    if(base[num-1]==0)
    {
        cout<<num<<"번 학생은 보관되지 않았습니다."<<endl;
        return;
    }

    cout<<base[num-1]<<endl; //개체 출력자를 구현하였기 때문에 사용할 수 있음
}
```

SearchStuByName 메서드에서는 검색할 학생의 이름을 입력받은 후에 같은 이름을 갖는 학생을 찾아 개체 정보를 보여주면 될 것입니다. 입력한 이름의 학생을 찾기 위해서 차례대로 인덱스 연산으로 보관된 학생 개체가 있는지 확인하여 있다면 입력한 이름과 비교하면 되겠죠.

```cpp
void StuManager::SearchStuByName()
{
    cout<<"검색할 학생 이름을 입력하세요."<<endl;
    string name = ehglobal::getstr();
    for(int i = 0; i<max_stu; i++)
    {
        if(base[i]) //학생이 보관되었는지 확인
        {
            if(base[i]->GetName() == name)
            {
                cout<<base[i]<<endl;
                return;
            }
        }
    }
    cout<<name<<" 학생은 보관되지 않았습니다."<<endl;
}
```

ListAll 메서드에서는 인덱스 연산을 이용하여 학생 정보를 보여주면 되겠죠.

```cpp
void StuManager::ListAll()
{
    for(int i = 0; i<max_stu; i++)
    {
        if(base[i]) //학생이 보관되었는지 확인
        {
            cout<<base[i]<<endl;
        }
    }
}
```

마지막으로 StuManager 소멸자에서 생성한 모든 Stu 개체를 소멸해야겠지요. C++에서는 동적으로 생성한 개체를 개발자가 소멸해야 합니다. 개발할 때 개발자가 소멸의 책임을 다하지 않는 경우가 많이 있습니다. 실제 이를 하지 않아도 컴파일 오류가 발생하지 않고 동작에도 큰 문제가 없어 보이거든요. 하지만 작성하는 프로그램이 서버 프로그램이거나 라이브러리 형태라고 한다면 필요없는 개체에 할당된 메모리를 소멸하지 않으면 메모리 누수가 발생하여 메모리 폴트가 발생하는 치명적인 버그가 될 수 있습니다. 습관적으로 개체를 생성하는 코드를 작성할 때 소멸하는 코드를 작성하시기 바랍니다.

```cpp
StuManager::~StuManager(void)
{
    for(int i = 0; i<max_stu; i++)
    {
        if(base[i]) //학생이 보관되었는지 확인
        {
            delete base[i];
        }
    }
}
```

```cpp
//StuManager.h
#pragma once
#include "Stu.h"
#include <vector>
using std::vector;
typedef vector<Stu *> StuCollection;
class StuManager
{
    StuCollection base; //학생을 보관할 컬렉션(vector)
    const int max_stu;  //최대 보관할 수 있는 학생 수(최대 학생 번호이기도 함)
public:
    StuManager(void);
    ~StuManager(void);
    void Run();
private:
```

```
    keydata SelectMenu();

    void AddStu();

    void RemoveStu();

    void SearchStuByNum();

    void SearchStuByName();

    void ListAll();

    int SetMaxStu();

};
```

```
//StuManager.cpp
#include "StuManager.h"


StuManager::StuManager(void): max_stu(SetMaxStu())//초기화 구문
{
    base.resize(max_stu,0);
}
int StuManager::SetMaxStu()
{
    cout<<"최대 관리할 학생 수를 입력하세요"<<endl;
    return ehglobal::getnum();
}
StuManager::~StuManager(void)
{
    for(int i = 0; i<max_stu; i++)
    {
        if(base[i]) //실제 학생이 보관된 곳인지 확인
        {
            delete base[i];
        }
    }
}
```

```cpp
void StuManager::Run()
{
    int key=0;

    while((key = SelectMenu())!= ESC)
    {
        switch(key)
        {
        case F1: AddStu(); break;
        case F2: RemoveStu(); break;
        case F3: SearchStuByNum(); break;
        case F4: SearchStuByName(); break;
        case F5: ListAll(); break;
        default: cout<<"잘못된 메뉴를 선택하였습니다."<<endl;
        }

        cout<<"아무키나 누르세요"<<endl;
        ehglobal::getkey();
    }
}

keydata StuManager::SelectMenu()
{
    ehglobal::clrscr();
    cout<<"메뉴 [ESC]:종료"<<endl;
    cout<<"[F1]:학생 추가 [F2]:학생 삭제 [F3]:번호로 검색"
    cout<<" [F4]:이름으로 검색 [F5]:전체 보기"<<endl;
    cout<<"메뉴를 선택하세요"<<endl;
    return ehglobal::getkey();
}
```

```cpp
void StuManager::AddStu()
{
    int num = 0;
    cout<<"추가할 학생 번호를 입력하세요. 1~"<<max_stu<<endl;
    num = ehglobal::getnum();
    if((num<=0)||(num>max_stu))
    {
        cout<<"범위를 벗어났습니다."<<endl;
        return;
    }
    if(base[num-1]) //실제 학생이 보관되었는지 확인
    {
        cout<<"이미 보관된 학생이 있습니다."<<endl;
        return;
    }
    string name = "";
    cout<<"이름을 입력하세요"<<endl;
    name = ehglobal::getstr();
    base[num-1] = new Stu(num,name);
}
void StuManager::RemoveStu()
{
    int num = 0;
    cout<<"삭제할 학생 번호를 입력하세요. 1~"<<max_stu<<endl;
    num = ehglobal::getnum();
    if((num<=0)||(num>max_stu))
    {
        cout<<"범위를 벗어났습니다."<<endl;
        return;
    }
```

```cpp
    if(base[num-1]==0) //실제 학생이 보관되었는지 확인
    {
        cout<<"보관된 학생이 없습니다."<<endl;
        return;
    }


    delete base[num-1];
    base[num-1] = 0; //초기값 0으로 다시 설정
}
void StuManager::SearchStuByNum()
{
    int num = 0;
    cout<<"검색할 학생 번호를 입력하세요. 1~"<<max_stu<<endl;
    num = ehglobal::getnum();

    if((num<=0)||(num>max_stu))
    {
        cout<<"범위를 벗어났습니다."<<endl;
        return;
    }


    if(base[num-1]==0) //실제 학생이 보관되었는지 확인
    {
        cout<<num<<"번 학생은 보관되지 않았습니다."<<endl;
        return;
    }
    cout<<base[num-1]<<endl;

}
```

```cpp
void StuManager::SearchStuByName()
{
    string name="";

    cout<<"검색할 학생 이름을 입력하세요."<<endl;
    name = ehglobal::getstr();

    for(int i = 0; i<max_stu; i++)
    {
        if(base[i]) //실제 학생이 보관되었는지 확인
        {
            if(base[i]->GetName() == name)
            {
                cout<<base[i]<<endl;
                return;
            }
        }
    }
    cout<<name<<" 학생은 보관되지 않았습니다."<<endl;
}
void StuManager::ListAll()
{
    for(int i = 0; i<max_stu; i++)
    {
        if(base[i]) //실제 학생이 보관되었는지 확인
        {
            cout<<base[i]<<endl;
        }
    }
}
```

```
//Demo.cpp
#include "StuManager.h"
void main()
{
    StuManager *sm = new StuManager();
    sm->Run();
    delete sm;
}
```

2. 2 vector에 자료를 차례대로 보관하기

이번에는 vector를 사용해서 차례대로 보관하는 프로그램을 작성해 보기로 합시다.

소재: 학생 관리 프로그램
  요구 사항
    사용자에 의해 메뉴를 선택하여 선택한 기능을 수행하는 것을 반복합니다.
      학생 정보 추가 (학생의 정보는 번호와 이름이 있습니다.)
      학생 정보 삭제
      번호로 학생 정보 검색
      이름으로 학생 정보 검색
      전체 보기

Stu 클래스는 그대로 사용하고 vector를 사용하는 StuManager 부분만 변경해 봅시다.

인덱스 연산자를 이용할 때는 보관할 최대 요소 개수를 입력받아 vector에 resize 메서드를 이용하여 0으로 모든 요소를 보관하는 초기 작업을 필요했지만 여기서는 필요가 없습니다. Run 메서드는 vector를 사용하는 부분이 아니라 흐름을 제어하는 부분이기 때문에 똑같이 사용해도 됩니다. 메뉴 선택을 하는 SelectMenu도 변경할 필요가 없겠죠.

학생 정보를 추가하는 AddStu 메서드에서는 번호를 입력받아 이미 있는지 확인합니다. vector의 인덱스 연산을 통해 관리할 때는 해당 인덱스에 학생 정보를 참조하여 0인지 아닌지로 보관 여부를 판단하였습니다. 하지만 여기에서는 vector의 시작 위치에서 마지막 위치 중에 원하는 요소가 있는지를 확인해야 합니다. 이를 위해 특정 번호에 해당하는 학생 정보가 보관되었는지를 판단하는 Exist 메서드를 추가하겠습니다.

Exist 메서드에서는 반복자를 이용하여 보관된 모든 요소를 차례대로 비교해 나가야 합니다. 이를 위해 vector에는 보관된 첫 위치를 얻어올 수 있는 begin 메서드를 제공합니다. 그리고 마지막 보관된 다음 위치(이번에 보관할 위치라고 생각할 수 있겠죠.)를 얻어오는 end 메서드를 제공합니다. begin 메서드와 end 메서드는 iterator를 반환하며 증감 연산자로 다음 위치로 이동하고 간접 연산을 통해 보관된 요소를 참조할 수 있습니다.

```cpp
bool StuManager::Exist(int num)
{
    StuIter seek = base.begin();
    StuIter end = base.end();
    Stu *stu=0;
    for(    ; seek != end; ++seek) //반복자는 비교 연산, 증감 연산이 가능
    {
        stu = *seek; //iterator의 간접 연산의 결과는 보관한 요소(학생 위치 정보)
        if( stu->GetNum() == num)
        {
            return true;
        }
    }
    return false;
}
```

AddStu 메서드에서는 사용자가 입력한 번호의 학생 정보가 없을 때 Stu 개체를 생성하여 vector에 차례대로 보관합니다. vector에 차례대로 보관할 때는 push_back 메서드를 사용합니다. vector에서는 보관할 저장소의 용량이 부족하면 내부에서 자동으로 늘려줍니다. 이러한 이유때문에 vector에 차례대로 자료를 보관할 때 저장소의 용량에 대해 크게 신경 쓰지 않아도 됩니다.

```cpp
int num = 0;
cout<<"추가할 학생 번호를 입력하세요."<<endl;
num = ehglobal::getnum();
if(Exist(num))
{
    cout<<"이미 보관된 학생이 있습니다."<<endl;
    return;
}
string name = "";
```

```
cout<<"이름을 입력하세요"<<endl;
name = ehglobal::getstr();
//차례대로 보관할 때 맨 뒤에 보관하면 되므로 push_bakc을 호출함
base.push_back(new Stu(num,name));
```

꽉 찬 상태에서 자료 5를 보관하기 전

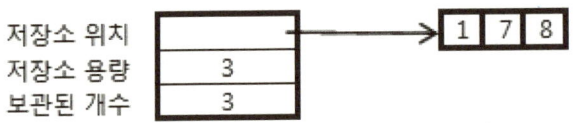

vi.push_back(5); 를 호출하고 난 후의 모습

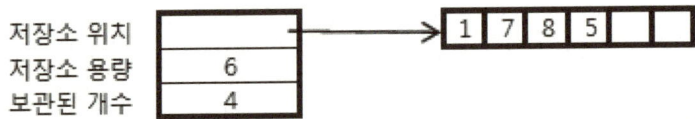

[그림 4] vector가 꽉 찼을 때 push_back 메서드를 호출하기 전 후 모습

RemoveStu 메서드에서는 사용자에게 삭제할 학생 번호를 입력받아 보관된 위치를 찾아야 할 것입니다. 이를 위해 특정 번호에 해당하는 학생이 보관된 위치를 찾는 작업이 필요한 데 함수 개체와 find_if 알고리즘을 사용해 볼게요.

find_if 함수는 STL algorithm에서 제공하고 있습니다. 입력 인자로는 검색할 구간의 시작 위치와 마지막 위치와 요소를 입력 인자로 받습니다. 그리고 보관된 자료를 입력 인자로 받아 조건을 판단할 수 있는 코드를 세 번째 입력 인자로 받습니다. find_if에서 하는 일은 입력받은 구간 사이에 보관된 자료들을 세 번째 입력 인자로 적용했을 때 처음으로 참이 되는 위치를 반환합니다.

RemoveStu에서는 사용자가 입력한 번호에 해당하는 학생이 보관된 위치를 찾아야 합니다. 입력 인자가 보관된 형식인 Stu *인 함수에서 사용자가 입력한 번호와 같은지를 판별하기 위해 함수 개체가 필요합니다. 멤버 필드에 학생 번호가 있고 Stu *가 입력 매개 변수인 함수 호출 연산자를 중복 정의하여 멤버 필드에 보관된 학생 번호와 입력 인자로 들어온 학생의 번호를 비교한 결과를 반환하면 될 것입니다. 입력한 구간 내에 원하는 조건이 참인 요소가 없으면 구간의 끝이 반환되니 주의하세요.

```cpp
//학생의 번호와 멤버 변수 num이 같으면 참을 반환하는 함수 개체
CompareByNum sbn(num);
//구간에 보관된 개체를 함수 개체에 적용했을 때 처음으로 참인 위치 반환
StuIter seek = find_if(base.begin(),base.end(),sbn);
if(seek== base.end())//참인 곳이 없을 때
{
    cout<<num<<"번 학생 자료는 보관되지 않았습니다."<<endl;
    return;
}
```

```cpp
//학생의 번호와 멤버 변수 num이 같으면 참을 반환하는 함수 개체 클래스
class CompareByNum
{
    int num;
public:
    CompareByNum(int num)
    {
        this->num = num;
    }
    //학생의 번호와 멤버 변수 num이 같으면 참을 반환
    bool operator()(Stu *stu) //함수 호출 연산자 중복 정의
    {
        return(stu && stu->GetNum() == num);
    }
};
```

 그리고 조건이 맞으면 erase 메서드를 이용하여 vector에서 제거하세요. 여기에서는 보관된 학생 개체를 소멸해야 하므로 소멸한 후에 erase 메서드를 호출해야 합니다. vector의 erase 메서드를 호출하면 삭제할 위치 뒤에 있는 요소들은 모두 한 칸씩 앞으로 이동하게 됩니다.

```cpp
//iterator의 간접 연산을 통해 보관된 학생 정보를 얻어옴
Stu *stu = *seek;
delete stu;
base.erase(seek); //보관된 요소 삭제
```

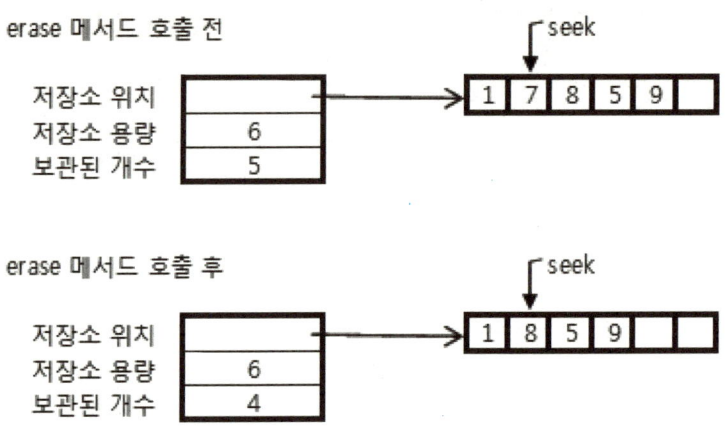

[그림 5] vector에 erase 메서드 호출 전 후

참고로, AddStu에서 입력한 번호의 학생 데이터가 이미 있는지를 확인을 할 때도 RemoveStu 메서드처럼 함수 개체와 find_if를 사용해도 됩니다. 여기에서는 두 가지 방법을 모두 보여 드리기 위해 다르게 사용하였습니다.

번호로 검색하는 SearchStuByNum 메서드는 RemoveStu처럼 사용자가 입력한 번호에 해당하는 학생 개체를 찾습니다. 단지, 찾은 위치의 학생 정보를 출력하는 것만 다릅니다.

```
//학생의 번호와 멤버 변수 num이 같으면 참을 반환하는 함수 개체
CompareByNum sbn(num);
//구간에 보관된 개체를 함수 개체에 적용했을 때 처음으로 참인 위치 반환
StuIter seek = find_if(base.begin(),base.end(),sbn);

if(seek== base.end())//참인 위치가 없을 때
{
    cout<<name<<"번 학생 자료는 보관되지 않았습니다."<<endl;
    return;
}

Stu *stu = *seek; //iterator의 간접 연산으로 보관된 요소를 얻어올 수 있음
cout<<stu<<endl;
```

이름으로 검색하는 SearchStuByName 메서드에서는 비교하는 함수 개체만 다릅니다.

```cpp
//학생 이름과 멤버 변수 name을 비교하여 같으면 참을 반환하는 함수 개체 클래스
class CompareByName
{
    string name;
public:
    CompareByName(string name)
    {
        this->name = name;
    }
    //함수 호출 연산자 중복 정의
    //학생 이름과 멤버 변수 name이 같으면 참을 반환하는 메서드
    bool operator()(Stu *stu)
    {
        return (stu && stu->GetName() == name);
    }
};
```

전체 학생 정보 출력은 vector의 시작 위치에서 끝 위치를 만날 때까지 보관된 학생 정보를 출력하면 되겠죠.

```cpp
StuIter seek = base.begin();
StuIter end = base.end();
Stu *stu = 0;

//iterator는 비교 연산과 증감 연산을 제공, ++연산을 통해 다음 위치로 이동
for ( ;seek != end; ++seek)
{
    //간접 연산자로 보관된 요소를 얻어올 수 있음
    stu = *seek;
    cout<<stu<<endl;
}
```

그리고 StuManager가 소멸할 때 자신이 생성한 모든 학생 개체를 소멸하는 것을 잊지 맙시다.

```
StuIter seek = base.begin();
StuIter end = base.end();
Stu *stu = 0;
for ( ;seek != end; ++seek)
{
    stu = *seek;
    delete stu;
}
```

```cpp
//StuManager.h
#pragma once
#include "Stu.h"
typedef vector<Stu *> StuCollection;
typedef vector<Stu *>::iterator StuIter;


class StuManager
{
    StuCollection base; //학생을 보관하는 컬렉션(vector)
public:
    ~StuManager(void);
    void Run();
private:
    keydata SelectMenu();
    void AddStu();
    void RemoveStu();
    void SearchStuByNum();
    void SearchStuByName();
    void ListAll();
};
```

```cpp
//학생 번호와 멤버 변수 num이 같으면 참을 반환하는 함수 개체 클래스
class CompareByNum
{
    int num;
public:
    CompareByNum(int num)
    {
        this->num = num;
    }
    //함수 호출 연산자 중복 정의 메서드
    bool operator()(Stu *stu)
    {
        return (stu && stu->GetNum() == num);
    }
};


//학생 이름와 멤버 변수 name이 같으면 참을 반환하는 함수 개체 클래스
class CompareByName
{
    string name;
public:
    CompareByName(string name)
    {
        this->name = name;
    }
    bool operator()(Stu *stu) //함수 호출 연산자 중복 정의
    {
        return (stu && stu->GetName() == name);
    }
};
```

```cpp
//StuManager.cpp
#include "StuManager.h"
StuManager::~StuManager(void) //반복자를 통해 보관된 모든 학생 요소 소멸
{
    StuIter seek = base.begin();
    StuIter end = base.end();
    Stu *stu = 0;
    for ( ;seek != end; ++seek)
    {
        stu = *seek; //반복자의 간접 연산의 결과는 보관한 요소(학생 위치 정보)
        delete stu;
    }
}
void StuManager::Run()
{
    keydata key=0;
    while ((key = SelectMenu())!=ESC)
    {
        switch(key)
        {
        case F1: AddStu(); break;
        case F2: RemoveStu(); break;
        case F3: SearchStuByNum(); break;
        case F4: SearchStuByName(); break;
        case F5: ListAll(); break;
        default: cout<<"잘못된 메뉴를 선택하였습니다."<<endl;
        }
        cout<<"아무키나 누르세요"<<endl;
        ehglobal::getkey();
    }
}
```

```cpp
keydata StuManager::SelectMenu()
{
    ehglobal::clrscr();
    cout<<"메뉴 [ESC]:종료"<<endl;
    cout<<"[F1]:학생 추가 [F2]:학생 삭제 [F3]:번호로 검색";
    cout<<" [F4]:이름으로 검색 [F5]:전체 보기"<<endl;
    cout<<"메뉴를 선택하세요"<<endl;
    return ehglobal::getkey();
}
void StuManager::AddStu()
{
    int num = 0;

    cout<<"추가할 학생 번호를 입력하세요."<<endl;
    num = ehglobal::getnum();

    if(Exist(num))
    {
        cout<<"이미 보관된 학생이 있습니다."<<endl;
        return;
    }

    string name = "";
    cout<<"이름을 입력하세요"<<endl;
    name = ehglobal::getstr();

    //차례대로 보관하기 위해서는 맨 뒤에 보관해야 하므로 push_back 호출
    base.push_back(new Stu(num,name));
}
```

```cpp
bool StuManager::Exist(int num)
{
    StuIter seek = base.begin();
    StuIter end = base.end();
    Stu *stu=0;
    for( ; seek != end; ++seek)
    {
        stu = *seek; //반복자의 간접 연산의 결과는 보관된 요소(학생 위치 정보)
        if( stu->GetNum() == num)
        {
            return true;
        }
    }
    return false;
}
void StuManager::RemoveStu()
{
    int num = 0;
    cout<<"삭제할 학생 번호를 입력하세요."<<endl;
    num = ehglobal::getnum();
    CompareByNum sbn(num); //학생 변화가 num과 같으면 참 반환
    StuIter seek = find_if(base.begin(),base.end(),sbn);
    if(seek== base.end())//참인 곳이 없음
    {
        cout<<num<<"번 학생 자료는 보관되지 않았습니다."<<endl;
        return;
    }
    Stu *stu = *seek;
    delete stu;
    base.erase(seek); //특정 위치에 보관된 요소를 지우는 메서드
}
```

```cpp
void StuManager::SearchStuByNum()
{
    int num = 0;
    cout<<"검색할 학생 번호를 입력하세요."<<endl;
    num = ehglobal::getnum();
    CompareByNum sbn(num); //함수 개체 선언
    StuIter seek = find_if(base.begin(),base.end(),sbn);
    if(seek== base.end())//참인 곳이 없음
    {
        cout<<num<<"번 학생 자료는 보관되지 않았습니다."<<endl;
        return;
    }
    Stu *stu = *seek; //간접 연산의 결과는 보관된 요소(학생 위치 정보)
    cout<<stu<<endl;
}
void StuManager::SearchStuByName()
{
    string name="";
    cout<<"검색할 학생 이름을 입력하세요."<<endl;
    name = ehglobal::getstr();
    CompareByName sbn(name); //함수 개체 선언
    //구간 내에 요소들을 함수 개체를 적용했을 때 처음 참인 위치 찾음
    StuIter seek = find_if(base.begin(),base.end(),sbn);
    if(seek== base.end())//참인 곳이 없음
    {
        cout<<name<<"번 학생 자료는 보관되지 않았습니다."<<endl;
        return;
    }
    Stu *stu = *seek;
    cout<<stu<<endl;
}
```

```cpp
void StuManager::ListAll()
{
    //차례대로 보여주기 위해 전체 구간의 반복자를 얻어옮
    StuIter seek = base.begin();
    StuIter end = base.end();

    Stu *stu = 0;
    for ( ;seek != end; ++seek)
    {
        stu = *seek;
        cout<<stu<<endl;
    }
}
```

2. 3 vector를 이용하여 특정 키 순으로 보관하기

 이번에는 vector를 이용하여 특정 키순으로 보관하는 방법에 대해 살펴보기로 합시다. 삭제나 검색, 전체 보기 등은 차례대로 보관할 때와 같습니다. 단지 보관할 위치를 찾는 논리가 다를 뿐입니다.

 특정 키순으로 보관하려면 보관된 시작 위치부터 사용자가 입력한 학생 번호가 더 크거나 같은 위치를 찾아서 해당 위치에 보관해야 할 것입니다. 물론, 같으면 필터링해야겠지요. 이 경우에도 함수 개체만 잘 정의하면 쉽게 사용할 수 있습니다. vector에서 원하는 위치에 보관할 때는 insert 메서드를 사용합니다. insert 메서드를 사용할 때에는 보관할 위치에 해당하는 iterator를 입력 인자로 전달해야 합니다. 그리고 vector 내부에서는 해당 위치에 보관된 원소부터 뒤에 보관된 모든 원소는 한 칸씩 뒤로 밀리게 됩니다. 또한, push_back 메서드처럼 저장소가 꽉 차게 되면 vector 내부에서 저장소의 크기를 갱신시킨 후에 보관하므로 사용하는 개발자는 저장소의 크기를 크게 신경 쓸 필요는 없지요.

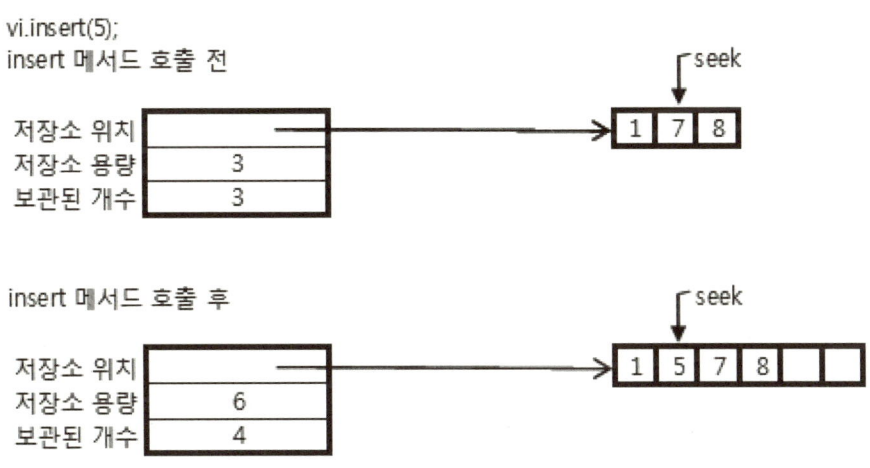

[그림 6] vector에 insert 메서드 호출 전 후 모습

```cpp
//학생의 번호가 멤버 변수 num보다 크거나 같으면 참을 반환하는 함수 개체 클래스
class MoreEqualByNum
{
    int num;
public:
    MoreEqualByNum(int num)
    {
        this->num = num;
    }
    bool operator()(Stu *stu)
    {
        return (stu && stu->GetNum() >= num);
    }
};

void StuManager::AddStu()
{
    int num = 0;
    cout<<"추가할 학생 번호를 입력하세요."<<endl;
    num = ehglobal::getnum();
    MoreEqualByNum sbn(num);
    StuIter seek = find_if(base.begin(),base.end(),sbn); //보관할 위치 찾기
    if((seek== base.end())||((*seek)->GetNum() != num)) //없다면
    {
        string name = "";
        cout<<"이름을 입력하세요"<<endl;
        name = ehglobal::getstr();
        base.insert(seek,new Stu(num,name)); //seek 앞에 보관
    }
    else
    {
        cout<<"이미 존재하는 학생입니다."<<endl;
    }
}
```

2. 4 vector 만들기

먼저, 앞에서 만든 프로젝트에 EHVector.h를 추가하여 STL에서 제공되는 vector와 비슷하게 직접 만들어 보기로 합시다. 이를 만드는 목적은 vector 내부를 좀 더 명확하게 이해하기 위해서입니다. EHVecotr.h에는 템플릿 클래스인 vector를 정의할 것입니다. 여기서는 EHLIB 이름 공간 내에 정의할게요.

```
#pragma once
namespace EHLIB
{
    template<typename T>
    class vector{    };
};
```

이제 StuManager.h에 vector 대신 "EHVector.h"를 포함하는 구문으로 변경하고 std 이름 공간에 있는 vector 대신 EHLIB 이름 공간에 있는 vector를 사용하도록 바꾸세요.

```
#include "EHVector.h"
using EHLIB::vector;
typedef vector<Stu *> StuCollection;
```

참고로 앞으로 코드를 수정 후에는 빌드 메뉴에서 정리를 선택한 후에 빌드하세요.

vector에는 템플릿 인자 형식 요소들을 보관하는 저장소가 있어야 할 것입니다. 그리고 이것 외에 저장소의 크기(보관할 수 있는 요소의 개수)를 보관하는 멤버와 보관된 요소 개수를 저장하는 멤버가 있습니다. 저장소를 base라 하고 보관된 요소 개수를 bsize, 저장소의 크기를 bcapacity라 할게요.

```
template<typename T>
class vector
{
    T *base; //요소들을 보관할 저장소의 시작 위치
    size_t bsize; //보관된 요소 개수
    size_t bcapacity; //저장소의 크기
};
```

vector를 생성할 때에는 vector<int> vi(10);나 vector<int> vi;와 같이 초기 요소 개수를 입력 인자로 전달하거나 전달하지 않을 수 있을 것입니다. 여기에서는 디폴트 매개 변수를 이용하도록 할게요. 참고로, 요소 개수 외에도 초기에 보관할 요소 값도 입력 인자로 전달할 수 있는데 이것 또한 디폴트 매개 변수를 이용할게요.

vector(size_t init_cnt=0,T t=0);

생성자 메서드에서는 초기에 base나 bsize, bacapactiy를 0으로 설정을 하겠죠. 첫 번째 입력 인자로 전달 인자로 저장소 크기를 지정(reserve)하고 두 번째 입력 인자로 각 요소의 값을 보관(push_backs)해야 할 것입니다.

base = 0;
bsize = 0;
bcapacity = 0;
reserve(init_cnt); //저장소의 용량을 init_cnt로 변경,
pushbacks(init_cnt,t); //init_cnt 개수만큼 t를 차례대로 보관

reserve 메서드에서는 동적으로 저장소를 할당하는 작업을 수행하면 될 것입니다. 만약, 기존에 저장소가 존재한다면 기존에 보관되었던 것을 새로 할당한 저장소에 복사하는 작업과 기존에 할당된 저장소를 해제하는 구문이 필요하겠죠.

```
void reserve(size_t ncapacity)
{
    T *temp = new T[ncapacity]; //새로운 크기의 저장소를 생성하여 temp에 대입
    if(bsize) //보관된 것이 있다면
    {
        for(size_t n=0; n<bsize; n++)
        {
            temp[n] = base[n]; //기존 저장소에 보관된 요소를 새로운 저장소에 복사
        }
        delete[] base; //기존 저장소 소멸
    }
    base=temp; //새로운 저장소의 위치를 base에 대임
    bcapacity = ncapacity; //저장소의 용량을 새로운 저장소의 용량으로 대입
}
```

resize 메서드는 입력 인자로 전달된 개수만큼을 보관하는 것으로 갱신하는 작업을 수행합니다. 만약, 현재 5개가 보관된 상태에서 nsize가 7, t가 0일 때 0으로 2개를 추가 보관하는 것입니다. 그리고 현재 1,2,3,4,5 의 값으로 5개가 보관되어 있을 때 nsize가 3이 오면 앞에 보관된 1,2,3 만 보관한 것으로 남겨두게 합니다.

이에 resize 메서드에서는 입력 인자로 전달된 nsize와 현재 보관된 요소 개수인 bsize를 비교를 하여 nsize가 bsize보다 크다면 뒤에 추가로 보관합니다. 만약, bsize가 nsize보다 크다면 nsize가 bsize와 같을 때까지 뒤에 있는 것들을 제거하면 되겠죠.

```cpp
void resize(size_t nsize,T t=0)
{
    if( nsize > bsize) //새로운 요소 개수가 보관된 요소 개수보다 크다면
    {
        for(size_t n=bsize; n<nsize ; n++)
        {
            push_back(t); //t를 뒤에 보관
        }
    }
    else//새로운 요소 개수가 보관된 요소 개수보다 크지 않다면
    {
        for(size_t n=nsize; n<bsize ; )
        {
            erase(base+n); //줄여야 할 뒤의 요소들을 삭제
        }
    }
}
```

push_back 메서드에서는 보관된 맨 마지막 요소의 다음 위치에 입력 인자로 전달된 요소를 보관면 될 것입니다. 특정 위치에 원하는 요소를 보관하는 메서드도 필요할 수 있으니 insert 메서드를 정의하도록 할게요.

```cpp
void push_back(T t)
{
    insert(end(),t); //마지막 보관한 요소 뒤에 보관, end()앞에 t를 보관
}
```

insert 메서드에서는 보관할 저장소가 꽉 찼다면 저장소를 늘려주는 작업을 선행해야 할 것입니다. 여기에서는 기존 저장소의 크기에서 10개의 요소를 추가로 저장할 수 있게 갱신하겠습니다. STL에 제공되는 vector에서는 보관된 요소 개수에 따라 갱신되는 정도를 다르게 하고 있지만, 여기에서는 고려하지 않겠습니다. 그리고 insert 메서드에서는 보관할 위치 뒤에 보관된 요소들을 한 칸씩 뒤로 이동 후에 보관해야 합니다.

```
void insert(iterator at, T t)
{
    size_t index = at - base; //입력받은 위치를 저장소의 인덱스로 변환
    if(bsize == bcapacity) //꽉 찼다면
    {
        reserve(bcapacity+10); //저장소의 용량을 늘려줌
    }

    for(size_t n = bsize; n > index; n--)
    {
        base[n] = base[n-1]; //보관할 위치 뒤에 있는 요소들을 한 칸씩 뒤로 이동
    }
    base[index] = t;
    bsize++;
}
```

erase 메서드는 특정 위치에 보관된 요소를 지우는 작업을 수행합니다. 이를 위해서 특정 위치 뒤에 있는 요소들을 하나씩 앞으로 당기는 작업이 필요하겠죠.

```
void erase(iterator at)
{
    size_t index = at - base; //입력받은 위치를 저장소의 인덱스로 변환

    for(size_t n = index+1; n < bsize; n++)
    {
        base[n-1] = base[n]; //삭제할 위치 뒤에 요소들을 하나씩 앞으로 이동
    }
    bsize--;
}
```

그리고 vector에 보관된 요소와 보관소 크기를 반환하는 size 메서드와 capacity 메서드를 작성합시다.

```
size_t size()
{
    return bsize;
}
size_t capacity()
{
    return bcapacity;
}
```

사용자가 원하는 위치에 요소를 보관하기 위해서는 저장소의 원하는 위치를 찾는 방법을 제공해 주어야 합니다. STL에서는 컨테이너 종류에 상관없이 보관된 요소들을 순회하여 원하는 작업을 수행할 수 있도록 각 컨테이너 내부에 iterator를 정의하고 있습니다. 그리고 각 컨테이너에서는 맨 앞과 맨 뒤에 해당하는 iterator를 참조할 수 있게 begin, end 메서드를 제공하고 있습니다. 참고로, end는 마지막 요소가 보관된 위치가 아니라 다음 위치이므로 차례대로 보관하면 이번에 보관할 위치에 해당합니다.

vector에서의 iterator는 요소가 보관된 위치를 멤버로 알고 있어야 할 것입니다. 사용자로서는 보관된 요소를 알 필요가 있고 vector에서는 보관된 위치를 알아야 insert 메서드나 erase 메서드에서 이를 사용할 수 있을 것입니다. 관점에 따라 iterator 형식은 보관된 요소의 위치 정보로 생각할 수 있습니다.

```
class iterator
{
    T *pos; //요소가 보관된 위치
};
```

iterator의 생성자는 보관된 요소의 위치 정보를 입력 인자로 받게 정의할게요.

```
iterator(T *pos=0)
{
    this->pos = pos;
}
```

vector를 사용하는 개발자는 iterator 형식 변수에 간접 연산자(*)를 통해 보관한 요소를 얻어올 수 있습니다. 이를 위해 간접 연산자를 중복 정의할게요.

```
T operator *()
{
    return *pos; //보관된 요소를 반환
}
```

그리고 vector 내부에서는 보관된 위치를 알아야 하는데 상대적인 위치를 알 수 있어야 합니다. 이를 위해 뺄셈 연산자를 중복 정의할게요. 그리고 다음 요소의 위치 정보로 변경하기 위해 ++연산자를 중복 정의하겠습니다.

```
int operator-(const iterator &iter)
{
        return pos -iter.pos;
}

iterator &operator++()
{
    pos++;
    return (*this);
}

const iterator operator++(int)
{
    iterator re(*this);
    pos++;
    return re;
}
```

iterator 형식을 정의했으니 vector의 begin 메서드와 end 메서드를 제공합시다. begin 메서드에서는 저장소의 시작 위치 base를 반환하면 되겠죠. end에서는 base+bsize를 반환하면 마지막 보관된 요소 다음 위치를 반환할 수 있겠네요.

```
iterator begin(){    return base;    }
iterator end(){    return base+bsize;    }
```

이제 [] 연산자를 중복 정의해 봅시다. [] 연산자는 참조하고자 하는 인덱스를 전달받아
해당 인덱스에 있는 요소에 대한 참조를 반환하면 됩니다. 참조를 반환하는 이유는 []연산
자의 결과가 대입(=) 연산자의 좌항에 올 수도 있기 때문입니다. []연산에 입력된 인덱스
가 잘못된 값을 경우에는 예외를 발생하면 되겠죠.

```cpp
T &operator[] (size_t index)
{
    if(index<bsize) //유효한 인덱스일 때
    {
        return base[index];
    }
    throw "잘못된 인덱스를 사용하였습니다.";
}
```

```cpp
//EHVector.h
#pragma once
namespace EHLIB
{
    template<typename T>
    class vector
    {
        T *base; //요소를 보관할 저장소
        size_t bsize; //보관된 요소 개수
        size_t bcapacity; //저장소의 용량
    public:
        class iterator
        {
            T *pos; //요소가 보관된 위치
        public:
            iterator(T *pos=0)
            {
                this->pos = pos;
            }
```

```
T operator *()
{
    return *pos; //보관된 요소를 반환
}
int operator-(const iterator &iter)
{
    return pos - iter.pos ;
}
iterator &operator++()
{
    pos++;
    return (*this);
}
const iterator operator++(int)
{
    iterator re(*this);
    pos++;
    return re;
}
bool operator !=(const iterator &iter)
{
    return pos == iter.pos;
}
bool operator ==(const iterator &iter)
{
    return pos == iter.pos;
}
};
```

```
vector(size_t init_cnt=0,T t=0)
{
    base = 0;
    bsize = 0;
    bcapacity = 0;
    reserve(init_cnt); //저장소의 용량을 init_cnt로 만들기
    push_backs(init_cnt,t); //차례대로 t를 init_cnt개 보관
}
~vector()
{
    if(base) //저장소가 할당되었을 때
    {
        delete[] base;
    }
}
void push_backs(size_t cnt, T t)
{
    for(size_t n=0; n<cnt; n++)//cnt개수의 t를 차례대로 보관
    {
        push_back(t);
    }
}
void reserve(size_t ncapacity)
{
    T *temp = new T[ncapacity]; //새로운 저장소를 할당
    if(bsize) //보관된 요소가 있다면
    {
        for(size_t n=0; n<bsize; n++)
        {
            temp[n] = base[n]; //기존 저장소에 보관된 요소를 새로운 저장소로 복사
        }
```

```
            delete[] base; //기존 저장소를 소멸
        }
        base=temp; //base에 새로운 저장소를 대입
        bcapacity = ncapacity; //새로운 저장소 용량 대입
    }
    void resize(size_t nsize)
    {
        if(nsize>bcapacity) //입력된 새로운 요소의 개수가 저장소보다 크다면
        {
            reserve(nsize); //저장소 용량을 nsize로 늘려줌
        }
        //새롭게 늘어난 요소 개수만큼 차례대로 0을 보관
        for(size_t n=bsize; n<nsize ; n++)
        {
            insert(end(),0);
        }
    }
    void push_back(T t)
    {
        insert(end(),t);
    }
    void insert(iterator at, T t)
    {
        //at의 상대적 위치를 계산
        size_t index = at - base;

        //꽉 찼다면 용량을 늘려줌
        if(bsize == bcapacity)
        {
            reserve(bcapacity+10);
        }
```

```
        //보관할 위치 뒤에 있는 요소들 뒤로 한 칸씩 이동
    for(size_t n = bsize; n > index; n--)
    {
        base[n] = base[n-1];
    }
    base[index] = t;
    bsize++;
}


void erase(iterator at)
{
    //at의 상대적 위치 계산
    int index = at - base;

    //삭제할 위치 뒤에 요소들 한 칸씩 앞으로 이동
    for(size_t n = index+1; n < bsize; n++)
    {
        base[n-1] = base[n];
    }
    bsize--;
}


T &operator[] (size_t index)
{
    if(index<bsize)
    {
        return base[index];
    }
    throw "잘못된 인덱스를 사용하였습니다.";
}
```

```
        iterator begin()
        {
            return base;
        }
        iterator end()
        {
            //주의!!!   마지막 보관된 요소 위치가 아니라 그 다음 위치를 반환함
            return base+bsize;
        }
        size_t size()
        {
            return bsize;
        }
        size_t capacity()
        {
            return bcapacity;
        }
    };
};
```

2. 5 find , find_if 만들어보기

STL의 algorithm에서는 일반적으로 사용할 수 있는 다양한 함수들을 제공하고 있습니다. 이 중에 여기에서는 find와 find_if를 만들어 봅시다.

find에서는 특정 구간 사이에 호출자가 원하는 자료가 보관된 위치를 찾는 함수입니다. 즉, 첫 번째 입력 인자와 두 번째 입력 인자는 보관된 위치가 될 수 있고 세 번째 인자가 보관된 형식과 같습니다. 또한, 컬렉션 종류에 상관없이 사용할 수 있게 만들기 위해 템플릿 형태로 만들기로 합시다. 반환 형식은 세 번째 인자와 같은 값이 보관된 위치를 반환하는 것이기 때문에 앞의 두 인자와 형식이 같겠지요.

구현은 단순히 차례대로 비교하여 같은 값이 보관된 위치를 반환하면 될 것입니다.

```cpp
#pragma once
template <typename Iter,typename T>
Iter find(Iter beg,Iter end,T t)
{
    //구간 내에 보관된 요소중에 t가 있는 위치를 찾아서 반환
    for(  ; beg != end ; ++beg)
    {
        if(*beg == t) //현재 위치에 보관된 요소가 t라면
        {
            break;
        }
    }

    //t가 보관된 곳이 없다면 beg는 end가 같음
    return beg;
}
```

find_if에서는 세 번째 입력 인자로 보관된 위치에 있는 요소를 입력 인자로 받아 호출했을 때 조건에 맞는지를 결과로 반환하는 코드가 오는 것에 차이가 있습니다.

```
//EHAlgorithm.h
#pragma once

template <typename Iter,typename T>
Iter find(Iter beg,Iter end,T t)
{
    for(  ; beg != end ; ++beg)
    {
        if(*beg == t)
        {
            break;
        }
    }
    return beg;
}


template <typename Iter,typename F>
Iter find_if(Iter beg,Iter end,F fun)
{
    //보관된 요소 중에 함수 개체를 적용했을 때 처음으로 참인 위치를 반환
    for(  ; beg != end ; ++beg)
    {
        //보관된 요소를 함수 개체에 적용할 때 참이면
        if(fun(*beg))
        {
            break;
        }
    }
    return beg;
}
```

03
list
(연결 리스트)

3. list (연결리스트)

 STL에서 제공하는 선형 컨테이너에는 vector 와 list가 있는데 연결 리스트를 표현한 것입니다. 연결 리스트는 노드들의 선형 집합이며 노드는 데이터와 링크의 조합입니다. 연결 리스트는 자료를 보관할 때마다 별도의 노드를 생성하여 하나의 노드에 하나의 자료를 보관하며 노드의 링크를 통해 노드들이 서로의 위치를 선형적으로 유지하는 자료구조입니다.

이중 연결 리스트

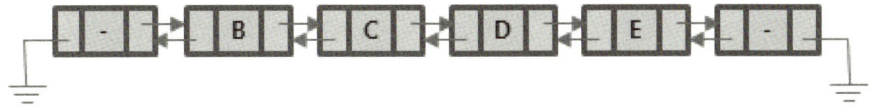

노드   1: 이전 노드의 위치 정보(링크)
      2: 보관된 데이터
      3. 다음 노드의 위치 정보(링크)

[그림 7] 연결 리스트 구조

 연결 리스트는 링크의 개수에 따라 하나만 있는 단일(혹은 단순)연결 리스트, 두 개가 있는 이중 연결 리스트로 나눌 수 있습니다. 그리고 마지막 노드가 시작 노드의 위치 정보를 알고 있게 링크를 설정하는 연결 리스트를 원형 연결 리스트라 합니다. 이처럼 링크의 개수나 유형에 따라 연결 리스트를 구분하지만, 이는 연결 리스트를 만드는 개발자에 관련된 사항일 뿐 사용하는 개발자는 큰 의미를 있지는 않습니다.

 STL에서 제공되는 list는 이중 연결 리스트로 되어 있습니다. 그리고 list는 vector와 제공되는 멤버들이 대부분 비슷합니다. 차이가 있는 부분은 인덱스 연산자([ ])를 사용할 수 없다는 것입니다. vector는 요소들을 보관하는 저장소가 연속된 메모리 하나로 되어 있으므로 저장소 시작 주소에서 상대적 거리를 계산하는 것이 효과적이지만 list에서는 각 요소가 별도의 노드에 보관되기 때문에 인덱스 연산자를 제공하지 않습니다. 또한, 저장소의 용량을 갱신하기 위해 제공했던 reserve 메서드와 용량을 얻어오기 위한 capacity 메서드를 제공하지 않습니다. 그렇지만 여전히 resize 메서드와 size 메서드는 제공하고 있습니다. list를 사용하는 방법은 vector를 사용하는 방법과 큰 차이가 없어서 이 책에서는 list를 사용하는 방법에 대해서는 별도로 논의하지 않겠습니다. 여기에서는 STL에서 제공되는 list와 비슷한 구조를 갖는 템플릿 클래스를 구현하는 것과 list와 vector를 이용하는 간단한 응용을 만들어 보기로 합시다.

3. 1 list 만들기 – 더미 노드있는 이중 연결 리스트

먼저, 프로젝트를 만들어 앞에서 만든 파일들을 추가하는 것부터 하세요. 그리고 EHList. h를 추가합시다.

EHList.h에는 템플릿 클래스인 list를 정의할 것입니다. 우리가 만들 list도 EHLIB 이름 공간 내에 정의할게요.

```cpp
#pragma once
namespace EHLIB
{
    template<typename T>
    class list
    {
    };
};
```

list 클래스 내부에는 node 형식이 정의해야 합니다. 그리고 node의 멤버로는 보관할 요소와 다른 노드의 위치 정보가 있어야 할 것입니다. 여기에서는 이중 연결리스트로 만들 것이기 때문에 두 개의 링크를 캡슐화할게요.

```cpp
template<typename T>
class list
{
    struct node
    {
        node *prev; //이전 노드의 위치 정보
        node *next; //다음 노드의 위치 정보
        T data; //보관된 요소
        node(T data=0):data(data) //초기화
        {
            prev = next = 0;
        }
    };
};
```

list에는 첫 번째 노드 위치와 마지막 노드 위치 정보 및 보관된 요소 개수를 위한 멤버 필드를 캡슐화할게요.

```
template<typename T>
class list
{
    node *head; //맨 앞 노드의 위치 정보
    node *tail;    //맨 뒤 노드의 위치 정보
    size_t bsize; //보관된 요소 개수
};
```

vector와 마찬가지로 보관한 요소들을 순회하여 사용할 수 있게 iterator 형식을 정의합시다. iterator 형식은 list를 사용하는 개발자의 코드에서도 사용해야 하므로 노출 수준을 public으로 지정해야 합니다.

```
template<typename T>
class list
{
    public:
    class iterator
    {
    };
};
```

list에서는 요소가 보관된 노드를 알아야 하고 list를 사용하는 개발자의 코드에서는 보관된 요소를 알 수 있어야 합니다. 이 두 가지 목적을 달성하기 위해 최소한 노드의 위치 정보를 알고 있어야 합니다. 이러한 이유로 node의 위치 정보를 알고 있는 멤버 필드를 캡슐화할게요.

```
class iterator
{
    node *now; //현재 노드의 위치 정보
};
```

iterator 형식의 생성자 메서드는 특정 node의 위치 정보를 입력 인자로 받는 생성자가 필요할 것입니다.

```cpp
class iterator
{
    public:
    iterator(node *now=0)
    {
        this->now = now;
    }
};
```

iterator는 list 내에서는 요소를 보관된 노드의 위치 정보를 알아야 하므로 node *와 묵시적 형변환 연산자를 중복 정의할게요. 그리고 list를 사용하는 개발자 코드에서는 보관된 요소를 알아야 하므로 간접 연산자를 중복 정의하여 보관된 요소 형식을 반환합시다.

```cpp
class iterator
{
    public:
    T operator *() //간접 연산자 중복 정의, 보관된 요소를 반환
    {
        return now->data; //현재 노드에 보관된 요소 반환
    }
    operator node *() //list 내에서 node *와 반복자 간의 묵시적 형변환 가능하게 함
    {
        return now;
    }
};
```

list를 사용하는 개발자 코드에서 iterator를 이용하여 비교 연산을 할 수 있도록 같음(==
)연산자와 다름(!=) 연산자를 중복 정의할게요.

```
class iterator
{
    public:
    bool operator == (const iterator &iter) //now 노드의 위치 정보가 같은지 판별
    {
        return now == iter.now;
    }
    bool operator != (const iterator &iter) //now 노드위 위치 정보가 다른지 판별
    {
        return now != iter.now;
    }
};
```

그리고 list를 사용하는 개발자 코드에서 iterator를 다음으로 이동시킬 때 ++ 연산자를
사용할 수 있게 합시다.

```
class iterator
{
    public:
    iterator &operator++()//전위 ++연산자 중복 정의
    {
        now = now->next;  //now를 다음 노드의 위치 정보로 변경
        return (*this); //변경된 자기 자신을 반환
    }
    const iterator operator++(int)
    {
        iterator re(*this); //변경되기 전 자신을 복사
        now = now->next; //now를 다음 노드의 위치 정보로 변경
        return re; //변경되기 전 자신을 복사한 반복자 반환
    }
};
```

list의 생성자 메서드에서는 두 개의 더미 노드를 생성하여 head와 tail 대입하고 size를 0으로 초기화하겠습니다. head와 tail에 더미 노드를 생성하여 대입하면 노드를 삽입하거나 제거하는 논리를 단순화시킬 수 있습니다. 더미 노드가 있으면 노드를 추가하는 논리는 언제나 특정한 노드와 노드 사이에 추가하는 논리로 작성하면 됩니다. 노드를 삭제할 때도 언제나 특정한 노드와 노드 사이에 있는 노드를 삭제하면 되겠죠. 더미 노드가 없다면 처음 추가되는 경우와 중간에 추가하는 경우, 맨 뒤에 추가하는 경우와 맨 앞에 추가하는 경우의 논리가 조금씩 달라집니다. 삭제의 경우도 마찬가지로 맨 앞의 노드를 제거하거나 맨 뒤에 노드를 제거, 중간에 있는 노드를 제거하는 경우의 논리가 달라집니다.

```cpp
template<typename T>
class list
{
    public:
    list()
    {
        head = new node();//더미 노드를 생성하여 head 에 대입
        tail = new node();   //더미 노드를 생성하여 tail에 대입
        head->next = tail;  //head가 가리키는 노드의 next 정보를 tail로 변경
        tail->prev = head;  //tail이 가리키는 노드의 prev 정보를 head로 변경
        bsize = 0; //보관된 요소 개수를 0으로 대입
    }
};
```

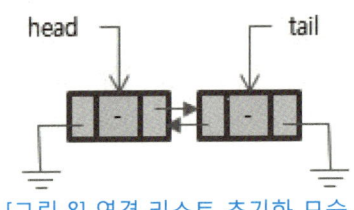

[그림 8] 연결 리스트 초기화 모습

list의 소멸자 메서드에서는 list 내에서 생성한 모든 노드를 소멸해야 합니다.

```
~list()
{
    while(head != tail) //맨 처음 노드와 맨 마지막 노드가 다르면
    {
        head = head->next; //head를 head가 가리키는 노드의 다음 노드로 변경

        //변경되기 전의 head를 삭제
        delete head->prev; //head가 가리키는 노드의 이전 노드 소멸(이전 head임)
    }
    delete head; //마지막 남은 노드 소멸
}
```

list에는 차례로 보관할 때 사용하는 push_back 메서드를 제공하고 있습니다. vector처럼 push_back 메서드는 end() 메서드가 반환하는 iterator 앞에 보관하면 됩니다. 즉, insert 메서드를 호출하면 되겠죠.

```
void push_back(T t)
{
    insert(end(),t); //맨 뒤에 보관, tail이 가리키는 노드 앞에 t를 보관
}
```

list에서도 특정한 iterator 앞에 요소를 보관할 때 사용하는 insert 메서드를 제공하고 있습니다. insert 메서드에서는 요소를 보관하는 노드를 생성한 후에 생성한 노드를 입력 인자로 전달받은 iterator 앞에 매달면 됩니다.

```
void insert(iterator at, T t)
{
    node *pos = at; //at에 있는 노드를 pos에 대입(반복자에 묵시적 형변환 연산자)
    node *now = new node(t); //t를 보관한 노드를 생성하여 now에 대입
    hang_node(now,pos); //생성한 now 노드를 pos 앞에 연결
    bsize++;//보관된 요소 개수 1 증가
}
```

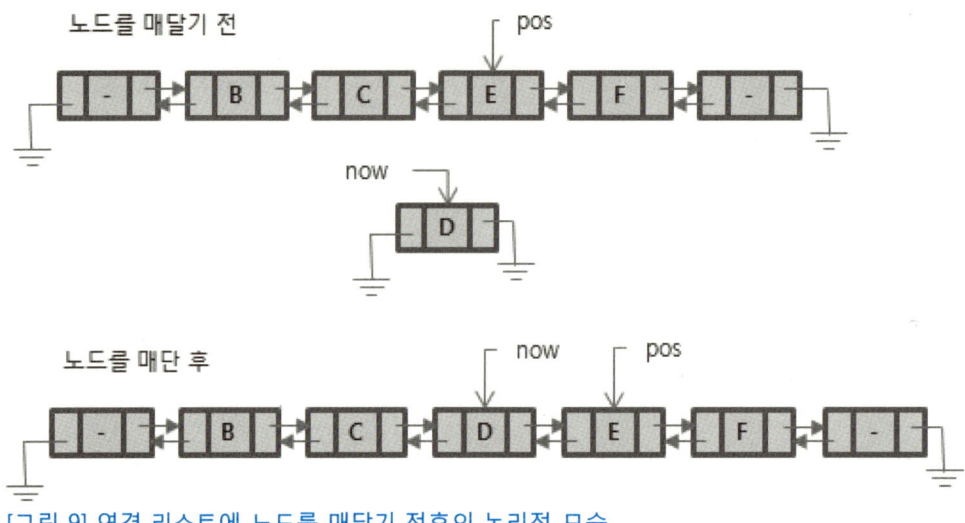

[그림 9] 연결 리스트에 노드를 매달기 전후의 논리적 모습

 특정한 노드 앞에 노드를 매다는 메서드인 hang_node는 list 내에서 사용하는 메서드로 노출 수준을 private으로 지정할게요. [그림 9]를 보면 연결 리스트에 노드를 매달기 전후의 논리적 모습을 알 수 있습니다. 여러분은 어느 노드의 어떤 링크들을 어떠한 순으로 조절해야 매달 수 있는지 파악해야 합니다. 이를 위해 여러분이 논리적인 그림을 도식하고 이를 코드로 옮기는 순서로 해결하신다면 좀 더 효과적으로 연결 리스트의 동작 원리를 이해할 수 있을 것입니다.

```
void hang_node(node *now,node *pos)
{
    //now가 가리키는 노드의 prev를 pos가 가리키는 prev로 변경
    now->prev = pos->prev;
    //now가 가리키는 노드의 next를 pos로 변경
    now->next = pos;
    //pos의 이전 노드의 next를 now로 변경
    pos->prev->next = now;
    //pos가 가리키는 노드의 prev를 now로 변경
    pos->prev = now;
}
```

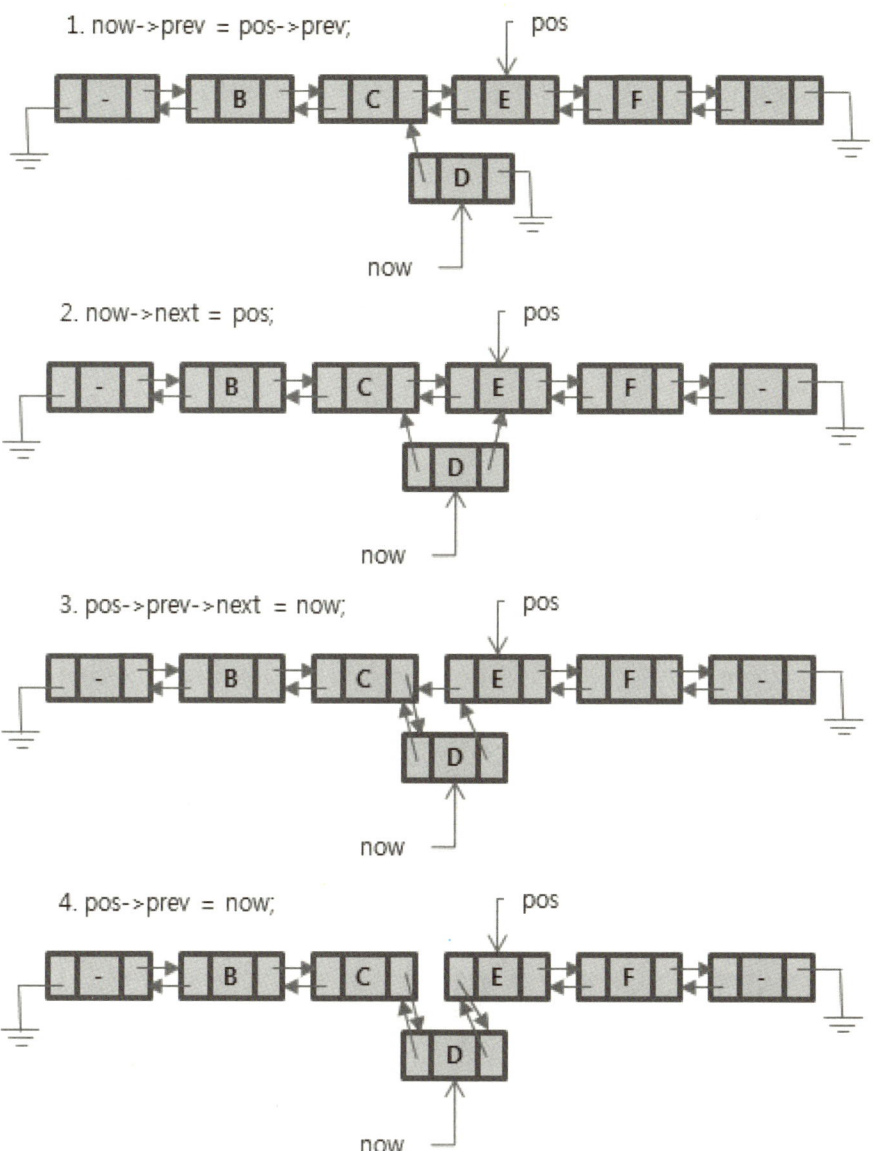

[그림 10] 연결 리스트에 노드를 삽입하는 과정

연결 리스트에서도 특정 위치에 보관된 요소를 지우는 erase 메서드를 제공하고 있습니다. erase 메서드에서는 리스트에서 해당 위치에 있는 노드의 연결을 끊는 작업이 필요합니다. 그리고 해당 요소를 보관하기 위해 동적으로 생성한 node 개체를 소멸해야겠지요.

```
void erase(iterator at)
{
    dehang_node(at); //at에 있는 노드를 리스트에서 연결을 끊는다.
    node *pos = at;
    delete pos; //at에 있는 노드를 소멸
    bsize--; //보관한 요소 개수 1 감소
}
```

de_hang 메서드에서는 입력 인자로 전달된 노드의 위치 정보를 통해 이전 노드와 이후 노드의 링크를 변경해 주어야 할 것입니다. 어떠한 노드의 어느 링크를 조절해야 하는지 논리적으로 그림을 그려보세요.

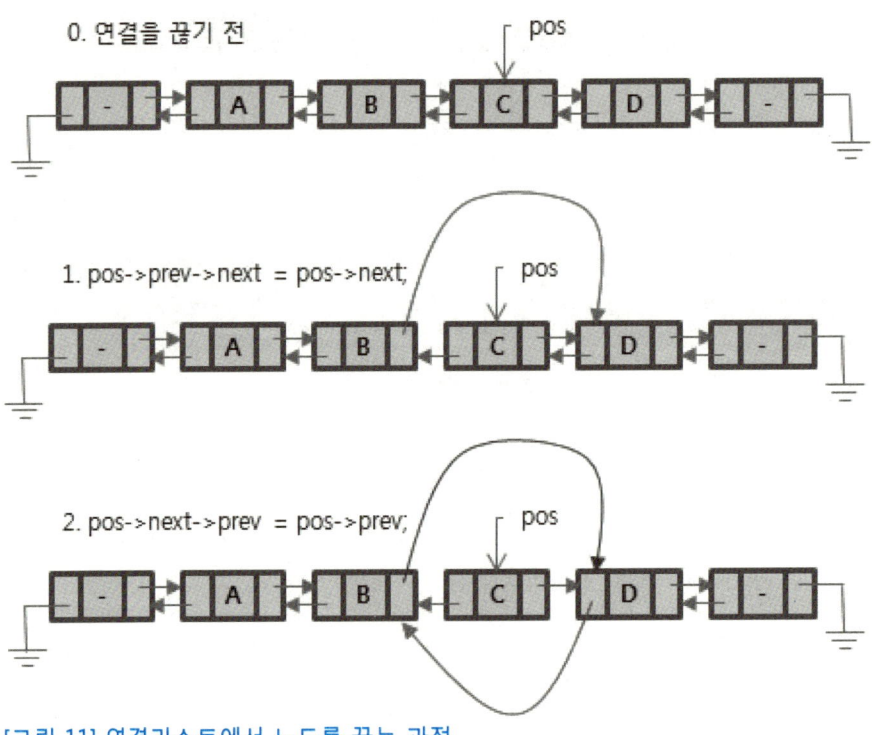

[그림 11] 연결리스트에서 노드를 끊는 과정

```
void dehang_node(node *pos)
{
    //pos의 이전 노드의 next를 pos의 next로 변경
    pos->prev->next = pos->next;
    //pos의 다음 노드의 prev를 pos의 prev로 변경
    pos->next->prev = pos->prev;
}
```

list 에서도 iterator를 사용할 수 있게 하려고 맨 앞에 보관된 요소가 있는 iterator를 반환하는 begin 메서드와 차례대로 보관할 때 보관할 위치(맨 마지막에 보관된 요소의 다음 위치)를 반환하는 end 메서드를 제공하고 있습니다. 연결 리스트를 생성할 때 head와 tail에 더미 노드를 생성하여 초기화를 하였기 때문에 맨 앞에 보관된 요소는 head가 가리키는 노드의 다음에 있게 되며 차례대로 보관할 때에는 tail이 가리키는 노드 앞에 보관하게 됩니다.

```
iterator begin()
{
    //head는 더미 노드이므로 head의 다음 노드가 첫 번째 보관된 요소가 있는 노드임
    return head->next; //head의 다음 노드를 반환(iterator와 node *는 묵시적 형변환)
}
iterator end()
{
    //end는 맨 마지막 보관된 요소의 다음 위치를 반환하므로 tail을 반환함
    return tail;
}
```

이 외에도 보관된 요소 개수를 반환하는 size 메서드와 보관된 요소의 개수를 갱신하는 resize 메서드를 제공할게요.

```
size_t size()
{
    return bsize;
}
```

```cpp
void resize(size_t nsize)
{
    //0을 늘어난 개수 만큼 차례대로 보관
    for(size_t n=bsize; n<nsize ; n++)
    {
        insert(end(),0);
    }
}
```

```cpp
//EHList.h
#pragma once
namespace EHLIB
{
    template<typename T>
    class list
    {
        struct node
        {
            node *prev; //이전 노드의 위치 정보
            node *next; //다음 노드의 위치 정보
            T data; //보관된 요소
            node(T data=0):data(data) //초기화
            {
                prev = next = 0;
            }
        };
        node *head; //리스트 맨 앞에 있는 노드 위치 정보
        node *tail;   //리스트 맨 뒤에 있는 노드 위치 정보
        size_t bsize; //리스트에 보관된 요소 개수
    public:
```

```cpp
class iterator
{
    node *now; //현재 노드의 위치 정보
public:
    iterator(node *now=0)
    {
        this->now = now;
    }
    T operator *()//간접 연산자 중복 정의 , 보관된 요소 반환
    {
        return now->data; //현재 노드에 보관된 요소 반환
    }
    operator node *()//node *와 묵시적 형변환 연산자 중복 정의
    {
        return now;
    }
    bool operator == (const iterator &iter)
    {
        return now == iter.now;
    }
    bool operator != (const iterator &iter)
    {
        return now != iter.now;
    }
    iterator &operator++()//전위 ++ 연산자 중복 정의
    {
        now = now->next; //now를 다음 노드 위치로 변경
        return (*this); //변경된 자신을 반환
    }
```

```
        const iterator operator++(int) //후위 ++ 연산자 중복 정의
        {
            iterator re(*this); //자신을 복제
            now = now->next; //now를 다음 노드 위치로 변경
            return re; //변경 전 복제한 반복자 반환
        }
    };
    list()
    {

        head = new node();//더미 노드 생성하여 head에 대입
        tail = new node();  //더미 노드 생성하여 tail에 대입
        head->next = tail; //head가 가리키는 노드의 next를 tail로 대입
        tail->prev = head; //tail이 가리키는 노드이 prev를 head로 대입
        bsize = 0; //보관된 요소 개수를 0으로 대입

    }
    ~list()
    {

        while(head != tail) //head와 tail이 다른 노드를 가리키면
        {
            head = head->next; //head를 head의 다음 노드 위치 정보로 변경


            //변경되기 전 head가 가리키는 노드를 소멸함
            delete head->prev; //head의 이전 노드를 소멸(변경 전 head)
        }
        delete head; //하나 남은 노드를 소멸

    }
```

```
void resize(size_t nsize)
{
    //0으로 늘어난 요소 개수만큼 차례대로 보관
    for(size_t n=bsize; n<nsize ; n++)
    {
        insert(end(),0);
    }
}
void push_back(T t)
{
    //맨 마지막 보관된 요소의 노드 뒤에 보관
    //end는 맨 마지막 보관된 요소의 노드 뒤임
    insert(end(),t); //end위치 앞에 t를 보관
}
iterator begin()
{
    //맨 앞에 보관된 요소의 위치를 반환
    //head의 다음 노드가 요소가 보관된 맨 앞 노드임
    return head->next; //head의 next 반환(node *와 반복자는 묵시적 형변환)
}
iterator end()
{
    //맨 마지막에 보관된 요소의 다음 위치를 반환
    //tail은 맨 마지막에 보관된 요소의 다음 위치 노드
    return tail; //tail 반환(node *와 반복자는 묵시적 형변환)
}
size_t size()
{
    return bsize;
}
```

```cpp
    void insert(iterator at, T t)
    {
        node *pos = at; //at에 있는 노드를 pos에 대입(묵시적 형변환)
        node *now = new node(t); //t를 보관한 노드 생성하여 now에 대입
        hang_node(now,pos); //생성한 노드를 pos앞에 연결
        bsize++;//보관한 요소 개수 1 증가
    }
    void erase(iterator at)
    {
        dehang_node(at); //at에 있는 노드의 연결을 끊음
        node *pos = at; //at에 있는 노드 위치를 pos에 대입(묵시적 형변환)
        delete pos; //pos 위치의 노드를 소멸
        bsize--;//보관된 요소 개수 1 감소
    }
private:
    //now 위치의 노드를 pos 앞에 연결하는 메서드
    void hang_node(node *now,node *pos)
    {
        //now가 가리키는 노드의 prev를 pos의 prev로 변경
        now->prev = pos->prev;
        //now가 가리키는 노드의 next를 pos로 변경
        now->next = pos;
        //pos의 이전 노드의 next를 now로 변경
        pos->prev->next = now;
        //pos가 가리키는 노드의 prev를 now로 변경
        pos->prev = now;
    }
```

```
        //pos 위치의 노드를 리스트에서 연결 끊는 메서드

        void dehang_node(node *pos)

        {

            //pos의 이전 노드의 next를 pos의 next로 변경

            pos->prev->next = pos->next;

            //pos의 다음 노드의 prev를 pos의 prev로 변경

            pos->next->prev = pos->prev;

        }

    };

};
```

 작성한 list가 정상적으로 동작하는지 확인해 봅시다. 앞에서 얘기한 것처럼 list를 사용하는 방법은 vector와 매우 유사합니다. 단지, vector에서는 인덱스 연산을 이용할 수 있었지만 list에서는 사용하지 못하는 정도의 차이라고 보시면 됩니다. vector를 이용하여 차례대로 요소를 보관하는 프로그램이나 vecor를 이용하여 특정 키순으로 보관했던 응용 프로그램 코드에서 vector를 list로 교체하더라도 정상적으로 동작합니다.

```
//typedef vector<Stu *> StuCollection;
typedef list<Stu *> StuCollection;
```

 이러한 이유로 우리가 만든 list가 정상적으로 동작하는지 확인하기 위해 vector에서 만든 프로젝트 조금 수정하여 테스트할 수 있습니다. 기존 프로젝트에 작성한 EHList.h 파일을 추가하시고 StuManager.h 에 이를 포함하세요. 그리고 EHLIB 이름 공간에 있는 list 형식을 사용할 수 있게 using 문을 작성하세요. 이와 같은 작업이 끝났으면 정상적으로 동작하는지 테스트해 보시기 바랍니다.

```
#pragma once
#include "Stu.h"

#include "EHAlgorithm.h"
#include "EHList.h"
using EHLIB::list;
typedef list<Stu *> StuCollection;
typedef list<Stu *>::iterator StuIter;
```

3. 2 list 만들기 – 더미 노드없는 이중 연결 리스트

이번에는 더미노드가 없는 이중 연결 리스트를 만들어 봅시다. 더미노드가 없는 이중 연결 리스트에도 node의 정의나 iterator의 정의는 차이가 없습니다. 여기에서는 차이가 있는 부분만 언급하겠습니다.

먼저, list를 생성했을 때의 초기 모습이 다를 것입니다.

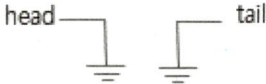

[그림 12] 더미노드 없는 이중 연결 리스트 초기화 모습

```
list()
{
    head = tail = 0;
    bsize = 0;
}
```

생성자 메서드 외에 차이가 있는 부분은 노드를 매다는 hang_node와 노드의 연결을 끊는 dehang_hode와 시작 iterator를 반환하는 begin, 마지막 iterator를 반환하는 end가 있습니다.

hang_node 메서드에서는 보관된 자료가 없을 때, 맨 앞에 매달 때, 중간에 매달 때, 맨 뒤에 매달 때 논리가 서로 다릅니다. 중간에 매달 때는 더미 노드 있는 이중 연결 리스트에서 매다는 논리와 같으므로 설명을 생략하겠습니다.

보관된 자료가 없을 때에는 인자로 전달된 now가 가리키는 노드의 위치 정보를 head와 tail이 가리키게 해야겠지요.

```
head = tail = now;
```

노드를 매달기 전 노드를 매단 후

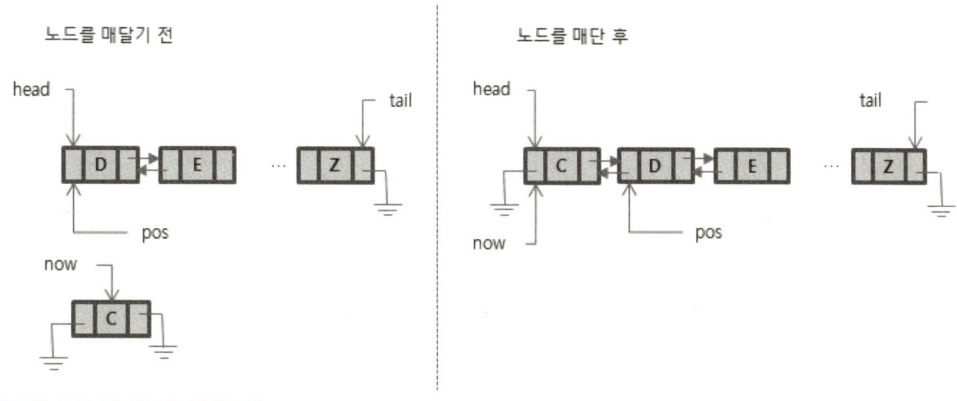

[그림 13] 아무것도 없을 때 보관 전 후 모습

맨 앞에 매달 때에는 head가 가리키는 노드 앞에 입력 인자로 전달된 now 노드를 매달 아야 합니다. 이를 위해서는 now가 가리키는 노드의 next 링크가 현재의 head가 가리키 는 노드를 가리켜야 할 것입니다. 그리고 현재 head가 가리키는 노드의 prev 링크는 now 를 가리켜야겠지요. 마지막으로 head를 now로 변경해 주어야 할 것입니다.

now->next = head; //새로운 노드의 next에 head를 대입
head->prev = now; //head가 가리키는 노드의 prev를 now로 변경
head = now; //head를 새로운 노드 위치 정보로 변경

노드를 매달기 전 노드를 매단 후

[그림 14] 맨 앞에 매달 때

맨 뒤에 매달 때에는 tail이 가리키는 노드 뒤에 입력 인자로 전달된 now 노드를 매달아 야 합니다. 이를 위해서는 now가 가리키는 노드의 prev 링크를 tail이 가리키는 노드를 가 리키게 해야겠지요. 그리고 tail이 가리키는 노드의 next 링크를 now를 가리키게 해야 할 것입니다. 그리고 tail을 now로 변경해 주어야겠지요.

tail->next = now; //tail이 가리키는 노드이 next를 now로 변경

now->prev = tail; //새로운 노드의 prev에 tail을 대입

tail = now; //tail을 새로운 노드의 위치 정보로 변경

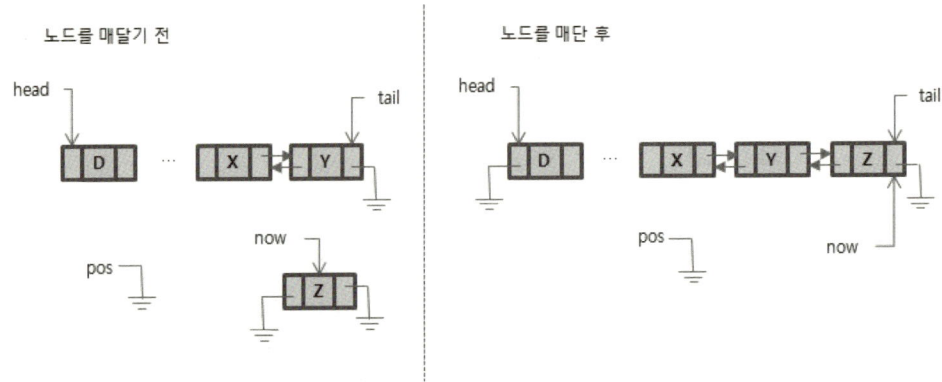

[그림 15] 맨 뒤에 매달 때

이처럼 각 경우를 판단하여 상황에 맞는 코드를 작성해야 합니다.

그런데 hang_node 메서드 내에서 어떠한 경우인지를 어떻게 판단을 해야 할까요? 각각의 경우에 노드를 매달기 전후의 모습을 그리고 난 후에 차이를 비교하시기 바랍니다.

아무것도 보관된 것이 없을 때 보관을 할 때나 맨 뒤에 보관할 때는 pos가 0이 오고 맨 앞에 매달거나 중간에 매달 때에는 pos가 0이 아닙니다. 그리고 pos가 0이면서 head도 0이면 아무것도 보관된 것이 없을 때 보관하는 경우이고 pos가 0이면서 head가 0이 아닌 경우는 맨 뒤에 보관해야 하는 경우입니다. 또한, pos가 0이 아니면서 head와 pos가 같으면 맨 앞에 보관하는 경우이고 같지 않다면 중간에 매다는 경우입니다.

```
if(pos){
    if(pos == head) { //맨 앞에 매달 경우 }
    else { //중간에 매달 경우 }
}
else
{
    if(pos == head) { //아무것도 없을 때 처음으로 매달 경우 }
    else { //맨 뒤에 매달 경우 }
}
```

erase 메소드에서는 더미 노드가 있는 이중 연결 리스트와 마찬가지로 노드의 연결을 끊고 난 후에 노드를 소멸해야 할 것입니다. 차이가 있는 것은 노드의 연결을 끊는 dehang_node입니다.

더미 노드가 없는 이중 연결 리스트에서는 dehang_node에서는 연결을 끊어야 하는 노드의 prev나 next 링크가 0을 가리키는 경우가 발생합니다. 만약, 끊어야 할 노드가 prev가 없는 경우는 맨 앞 노드를 끊어야 하는 경우이기 때문에 prev 링크가 0입니다. 그리고 끊어야 할 노드가 next가 없는 경우는 맨 뒤 노드를 끊어야 하는 경우이기 때문에 next 링크가 0입니다. 이를 고려하여 작성해야 합니다.

```
if(pos->prev) //pos의 이전 노드가 있다면
{
    //pos의 이전 노드의 next를 pos의 next로 변경
    pos->prev->next = pos->next;
}
else //pos의 이전 노드가 없다면 , pos가 head임
{
    head = head->next; //head를 head의 다음 노드 위치 정보로 변경
}
if(pos->next) //pos의 다음 노드가 있다면
{
    //pos의 다음 노드의 prev를 pos의 prev로 변경
    pos->next->prev = pos->prev;
}
else //pos의 다음 노드가 없다면, pos가 tail임
{
    tail = tail->prev; //tail을 tail의 이전 노드 위치 정보로 변경
}
```

그리고 더미 노드가 없는 경우에는 head가 가리키는 노드부터 자료가 보관된 노드이고 tail이 가리키는 노드도 자료가 보관된 노드입니다. 이에 begin 메서드와 end 메서드도 변경해 주어야 할 것입니다.

```
iterator begin()
{
    //더미 노드가 없으므로 맨 앞에 보관된 요소의 노드를 head가 가리키고 있음
    return head; //head를 반환(node *를 반복자로 묵시적 형변환)
}
iterator end()
{
    //더미 노드가 없으므로 맨 뒤에 보관된 노드의 다음 위치는 tail의 next이므로 0임
    return 0; //0을 반환(node *를 반복자로 묵시적 형변환)
}
```

```
//EHList.h – 더미노드가 없는 이중 연결 리스트
#pragma once
namespace EHLIB
{
    template<typename T>
    class list
    {
        struct node
        {
            node *prev; //이전 노드의 위치 정보
            node *next; //다음 노드의 위치 정보
            T data; //노드에 보관된 요소
            node(T data=0):data(data) //초기화
            {
                prev = next = 0;
            }
        };
```

```cpp
    node *head; //리스트 맨 앞에 있는 노드 위치 정보
    node *tail;   //리스트 맨 뒤에 있는 노드 위치 정보
    size_t bsize; //보관된 요소 개수
public:
    class iterator
    {
        node *now;
    public:
        iterator(node *now=0)
        {
            this->now = now;
        }
        T operator *()//간접 연산자 중복 정의
        {
            return now->data; //현재 위치에 보관된 요소를 반환
        }
        operator node *()//node *와 반복자의 묵시적 형변환 연산자 중복 정의
        {
            return now; //now를 반환
        }
        bool operator == (const iterator &iter)
        {
            return now == iter.now;
        }
        bool operator != (const iterator &iter)
        {
            return now != iter.now;
        }
```

```
        iterator &operator++()//전위 ++ 연산자 중복 정의
    {
        now = now->next; //now를 now의 다음 노드 위치 정보로 변경
        return (*this); //변경된 자기 자신을 반환
    }
        const iterator operator++(int) //후위 ++ 연산자 중복 정의
    {
        iterator re(*this); //변경되기 전 자신을 복사
        now = now->next; //now를 now의 다음 노드 위치 정보로 변경
        return re; //변경되기 전 복사한 반복자 반환
    }
};
list()
{
    head = tail = 0;
    bsize = 0;
}
~list()
{
    while(head != tail) //head와 tail이 다른 노드를 가리키면
    {
        head = head->next; // head를 다음 노드 위치 정보로 변경
        delete head->prev; //head의 이전 노드 소멸(변경 전 head)
    }
    delete head; //하나 남은 노드 소멸
}
```

```cpp
void resize(size_t nsize)
{
    //0으로 추가된 요소 개수만큼 차례대로 보관
    for(size_t n=bsize; n<nsize ; n++)
    {
        insert(end(),0);
    }
}
void push_back(T t)
{
    //t를 맨 뒤에 보관, end는 맨 뒤에 보관된 요소 다음 위치임
    insert(end(),t); //end 앞에 t를 보관
}
void insert(iterator at, T t)
{
    node *pos = at; //at을 pos에 대입(묵시적 형변환)
    node *now = new node(t); //t를 보관한 노드 생성하여 now에 대입
    hang_node(now,pos); //now를 pos앞에 연결
    bsize++;//보관한 요소 개수 1 증가
}
void erase(iterator at)
{
    dehang_node(at); //at에 있는 노드를 리스트에서 연결 끊음
    node *pos = at; //at을 pos에 대입(묵시적 형변환)
    delete pos; //pos 위치의 노드 소멸
    bsize--; //보관한 요소 개수 1 감소
}
iterator begin()
{
    return head; //더미 노드가 없으므로 head가 가리키는 노드를 반환
}
```

```
iterator end()
{
    //맨 마지막 보관된 요소의 노드 다음 위치 반환,
    //더미 노드가 없으므로 tail이 가리키는 노드에 마지막 보관된 요소가 있음
    return 0; //tail의 next는 0으로 0 반환(묵시적 형변환)
}
size_t size()
{
    return bsize;
}
private:
    //now를 pos앞에 매다는 메서드
    void hang_node(node *now,node *pos)
    {
        if(pos)
        {
            if(pos == head) // 맨 앞에 매다는 경우
            {
                now->next = head; //now의 다음은 head로 대입
                head->prev = now; //head가 가리키는 노드의 prev를 now로 변경
                head = now; //head를 now로 변경
            }
            else/ /중간에 매다는 경우
            {
                now->prev = pos->prev;
                now->next = pos;
                pos->prev->next = now;
                pos->prev = now;
            }
        }
    }
```

```
        else
        {
            if(pos == head) //아무것도 없을 때
            {
                head = tail = now;
            }
            else //맨 뒤에 매다는 경우
            {
                tail->next = now; //tail이 가리키는 노드의 next를 now로 변경
                now->prev = tail; //now의 이전은 tail로 대입
                tail = now; //tail을 now로 변경
            }
        }
}
void dehang_node(node *pos)
{
    if(pos->prev) //pos의 이전 노드가 있다면
    {
        //pos의 이전 노드의 next를 pos의 next로 변경
        pos->prev->next = pos->next;
    }
    else //pos의 이전 노드가 없다면, pos는 head임
    {
        head = head->next; //head를 head의 다음 노드 위치 정보로 변경
    }
    if(pos->next) // pos의 다음 노드가 있다면
    {
        //pos의 다음 노드의 prev를 pos의 prev로 변경
        pos->next->prev = pos->prev;
    }
```

```
        else //pos의 다음 노드가 없다면, pos는 tail임
    {
        tail = tail->prev; //tail을 tail의 이전 노드 위치 정보로 변경
    }
  }
};
};
```

리스트를 사용하는 방법은 벡터와 비슷합니다. 리스트에서는 인덱스 연산자와 capacity 메서드를 제공하지 않지만 그 외에 다른 메서드는 벡터처럼 제공하고 있으며 사용하는 관점에서 논리적인 의미는 같기 때문에 사용 방법이 비슷합니다. 벡터를 이용하는 프로그램을 다시 한 번 리스트를 이용하여 만들어 보세요.

6장과 7장에서는 벡터와 리스트 그리고 5장에서 다루는 맵을 동시에 사용하는 응용을 설계하고 구현해 볼 것이므로 미리 한 번 살펴보는 것도 학습에 도움이 될 수 있습니다.

04

스택과
큐

4. 스택과 큐

 STL에서는 선형 자료구조를 이용하여 특정 목적에 맞게 자료를 보관하고 꺼내서 사용하는 스택(Stack)과 큐(Queue)를 제공하고 있습니다. 일반적으로 스택과 큐는 임시로 자료를 보관했다가 필요할 때 꺼내서 사용하는 간단한 버퍼입니다.

 스택과 큐는 사용자가 원하는 위치에 보관하거나 꺼낼 수가 없습니다. 스택과 큐는 약속된 방법으로만 자료를 보관하고 꺼낼 수 있습니다. 스택은 가장 최근에 보관된 자료를 꺼내주게 약속되어 있어서 후입선출(LIFO,Last In First Out) 방식의 자료구조라고 합니다. 큐는 가장 오래된 자료를 꺼내주게 약속되어 있어서 선입선출(FIFO,First In First Out) 방식으로 동작합니다.

 여기에서는 스택과 큐에 대한 소개와 STL에서 제공되는 stack과 queue에 대한 설명과 사용 방법을 다룰 것입니다. 그리고 스택과 큐를 사용하는 예를 보여줄게요. 다른 자료구조들과 달리 스택과 큐는 구현과 사용 방법은 단순하지만, 실제 프로그램을 작성할 때 어느 부분에서 스택과 큐가 필요한지를 판단하는 것은 매우 어려운 일입니다. 이 책에서도 스택과 큐를 사용하는 예를 보여주지만, 여러분이 실제 프로그래밍을 할 때 어느 부분에서 스택과 큐를 사용해야 하는지에 대한 판단 능력은 다양한 경험과 학습을 통해 키워나가야 할 것입니다.

4. 1 스택

스택은 차례대로 자료를 보관하고 가장 최근에 보관된 자료를 꺼내주는 LIFO 방식의 자료구조입니다. 스택에서 자료를 보관하는 행위를 push, 꺼내는 행위는 pop이라고 부릅니다. 이처럼 스택이 동작하기 위해서는 자료를 보관하는 저장소 외에 보관할 위치와 꺼낼 위치를 알고 있어야 할 것입니다. 그런데 LIFO 방식으로 자료를 꺼내기 때문에 언제나 꺼낼 위치는 가장 최근에 보관된 위치로 보관할 위치와 상대적 거리가 1이 됩니다. 이러한 이유로 스택에서는 꺼낼 위치만 알고 있어도 보관할 위치를 계산할 수 있기 때문에 꺼낼 위치만 기억하며 이를 top이라고 부릅니다.

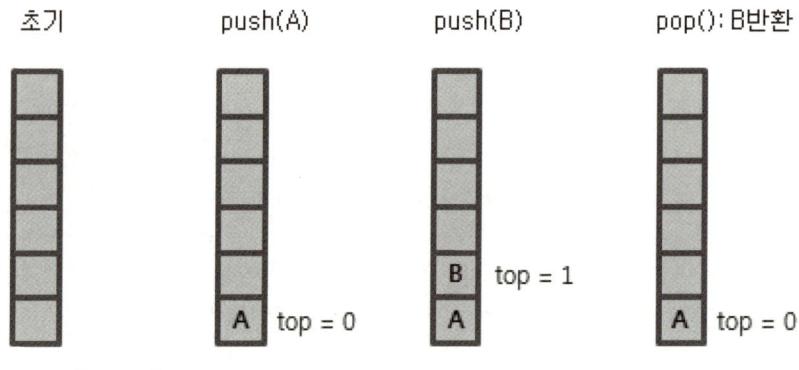

[그림 16] 스택의 동작

4.1.1 간단한 스택 만들기

스택에 대한 이해를 위해 정수형 자료를 보관할 수 있고 저장소가 배열로 되어있는 간단한 스택을 만들어 봅시다.

먼저, 스택의 저장소인 배열의 크기를 매크로 상수로 정의를 할게요.

```
#define MAX_STACK_SIZE    100
```

여기서 간단히 만드는 스택은 저장소가 배열로 만들 것이기 때문에 멤버 필드로 정수형 배열을 선언할게요. 그리고 꺼낼 위치를 기억하기 위한 top도 멤버 필드로 선언합시다.

```
class Stack
{
    int base[MAX_STACK_SIZE];
    int top; //꺼낼 위치
};
```

그리고 Stack의 생성자 메서드와 저장소가 꽉 찼는지 비어있는지 확인하는 메서드를 비롯하여 약속된 방식으로 자료를 보관하고 꺼내는 Push,Pop 메서드를 캡슐화할게요.

```
public:
    Stack(void);
    bool IsFull()const; //꽉 찼는지 확인하는 메서드
    bool IsEmpty()const; //비었는지 확인하는 메서드
    void Push(int value); //보관하는 메서드
    int Pop(); //꺼내는 메서드
```

스택은 초기 상태에서 꺼낼 데이터가 없으므로 top을 -1로 초기화를 해 주어야 합니다.

```
Stack::Stack(void)
{
        top = -1; //꺼낼 위치이므로 -1로 초기화
}
```

스택이 자료가 없을 때 -1 이므로 꽉 찼을 때에는 MAX_STACK_SIZE-1 이 됩니다.

```cpp
bool Stack::IsEmpty()const{    return top == -1; }
bool Stack::IsFull()const{    return (top+1) == MAX_STACK_SIZE; }
```

Push 메서드에서는 자료를 차례대로 보관하기 때문에 가장 최근에 보관된 다음 위치에 보관하면 됩니다.스택에서 가장 최근에 보관된 위치는 top이 알고 있기 때문에 top에서 상대적 거리 1이 큰 위치에 보관하면 되겠죠. 또한, 여기에서는 저장소 크기가 정적이므로 꽉 차 있으면 보관할 수 없습니다.

```cpp
void Stack::Push(int value)
{
    if( ! IsFull() ) //꽉 차지 않았을 때
    {
        //꺼낼 위치가 마지막 요소가 보관된 위치이므로 top+1 인덱스에 보관
        base[top+1] =value;
        top++; //꺼낼 위치를 1 증가
    }
}
```

Pop 메서드에서는 top 위치에 보관된 자료를 반환하면 되겠죠. 물론, 보관된 자료가 있어야 할 것입니다.

```cpp
int Stack::Pop()
{
    int re=0;
    if( ! IsEmpty() ) //비어 있는 상태가 아닐 때
    {
        re = base[top]; //꺼낼 위치에 있는 요소를 re에 대입
        top--; //꺼낼 위치를 1 감소
    }
    return re;
}
```

어떻게 동작하는지 확인하는 코드도 작성해 봅시다. 여기에서는 1 보관, 2 보관, 3 보관, 꺼냄, 4 보관, 꺼냄, 꺼냄, 5 보관, 꺼냄, 꺼냄 순으로 스택을 사용하는 코드를 작성할게요.

```
Stack stack;

stack.Push(1);
stack.Push(2);
stack.Push(3);

cout<<stack.Pop()<<endl;

stack.Push(4);

cout<<stack.Pop()<<endl;
cout<<stack.Pop()<<endl;

stack.Push(5);

cout<<stack.Pop()<<endl;
cout<<stack.Pop()<<endl;
```

여러분이 생각한 결과와 같은지 확인해 보세요. 그리고 책을 덮고 한 번 작성해 보세요. 기억이 나지 않으면 다시 한 번 책을 읽어 보시고 다시 책을 덮고 작성해 보시기 바랍니다. 여러분이 실제 작성하는 능력을 키우기 위해서는 책을 펼치고 따라 치는 것은 쉽게 이해할 수 있지만 실제 프로그래밍 능력은 별로 향상되지 않겠죠.

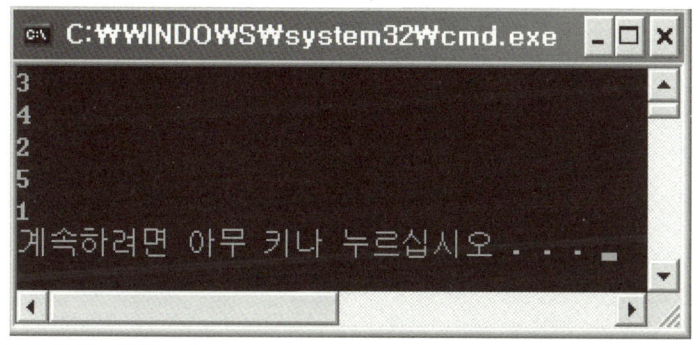

[그림 17] 시연 모습

```cpp
//Stack.h
#pragma once
#define MAX_STACK_SIZE    100

class Stack
{
    int base[MAX_STACK_SIZE];
    int top; // 꺼낼 위치
public:
    Stack(void)
    {
        top = -1;
    }
    bool IsFull()const {    return (top+1) == MAX_STACK_SIZE;    }
    bool IsEmpty()const {    return top == -1;    }
    void Push(int value); //보관하는 메서드
    int Pop();//꺼내는 메서드
};
```

```cpp
//Stack.cpp
#include "Stack.h"

void Stack::Push(int value)
{
    if( ! IsFull() ) //꽉 차지 않을 때
    {
        //top이 꺼낼 위치이므로 top+1이 보관할 위치
        base[top+1] =value; //top+1 위치에 보관
        top++; //top을 1 증가
    }
}
```

```
int Stack::Pop()
{
    int re=0;
    if( ! IsEmpty() ) //비어있지 않을 때
    {
        re = base[top]; //top 위치에 보관된 요소를 re에 대입
        top--; //top을 1 감소
    }
    return re;
}
```

4.1.2 STL에서 제공하는 스택 사용하기 - 하노이 타워

앞에서 간단한 스택을 만들어 보았습니다. 이번에는 STL에서 제공하는 스택에 대해 알아봅시다. STL에서 제공되는 스택은 이름 공간 std에 정의되어 있으며 stack파일을 포함해야 합니다.

#include <stack>
using std::stack;

그리고 템플릿 클래스로 정의되어 있어 보관할 자료형을 사용하는 개발자가 결정해야 합니다.

stack<int> st;

STL에서 제공되는 stack은 일반적인 전산학에서 배우는 것과 동작은 같지만 사용하는 메서드 이름에 차이가 있습니다. 보관하는 메서드는 push로 같지만 가장 최근에 보관한 것을 꺼내는 동작은 top, pop으로 나누어져 있습니다. top 메서드는 가장 최근에 보관한 것을 참조할 때 사용하는 메서드이고 pop은 스택에 가장 최근에 보관한 것을 지우는 메서드입니다. 그리고 STL에서 stack은 자료를 보관하는 저장소가 확장 가능하여 꽉 찼는지를 확인하는 메서드는 제공하지 않습니다. 하지만 역시 보관된 자료가 없는지를 확인하는 메서드로 empty를 제공하고 있습니다. 또한, 보관된 자료 개수를 반환하는 size도 제공합니다.

이제 STL에서 제공하는 스택을 사용하는 예제 프로그램을 만들어 봅시다. 전산 분야에서 많이 접할 수 있는 하노이 타워를 만드는 것으로 할게요.

하노이 타워는 인도의 사원에서 내려오는 전설입니다. 다음은 대략적인 전설의 내용입니다. 세 개의 기둥이 있고 64개의 원판이 있습니다. 하나의 기둥에 64개의 원판이 크기순으로 놓여 있는 상태에서 다음의 규칙을 지키면서 다른 기둥으로 모두 옮기면 태평성대 한다는 내용입니다. 규칙은 한 번에 하나의 원판을 옮길 수 있으며 작은 원판 위에 큰 원판이 올 수 없다는 것입니다.

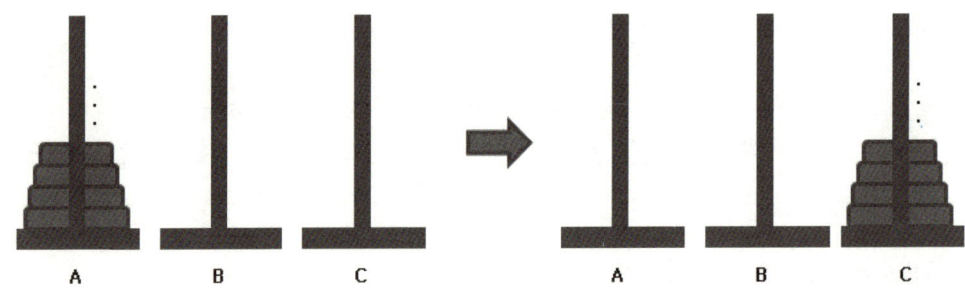

규칙 1. 한 번에 한 개의 원판을 이동할 수 있다.
규칙 2. 작은 원판 위에 큰 원판이 올 수 없다.

[그림 18] 하노이 타워

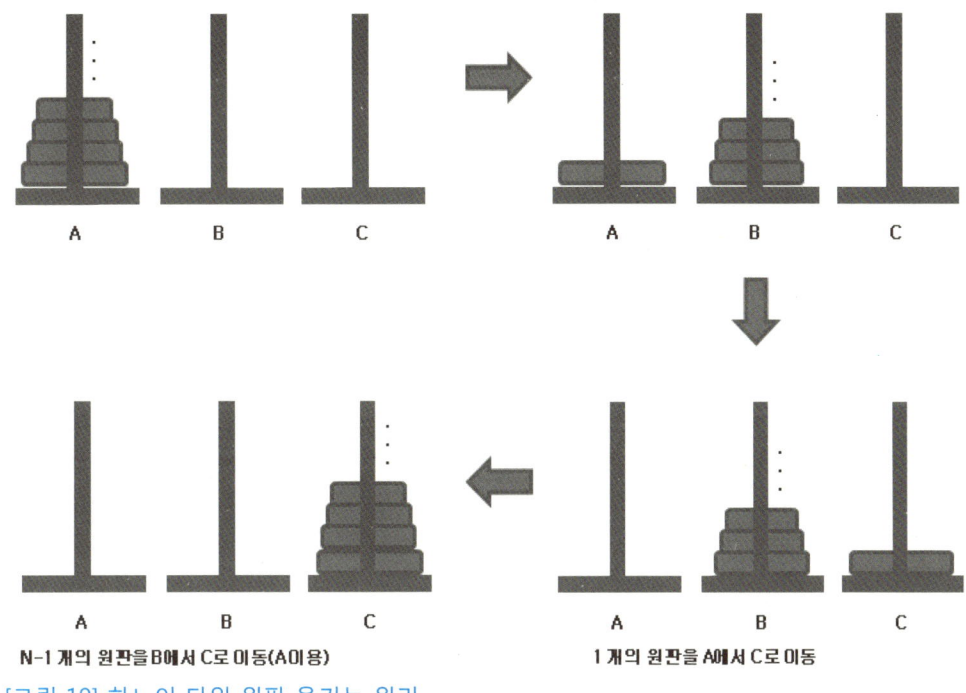

[그림 19] 하노이 타워 원판 옮기는 원리

하노이 타워 문제는 재귀적 증명을 사용하면 비교적 쉽게 해결할 수 있습니다.

가정) n-1 개의 원판을 이동할 수 있다.

ㄱ) n-1 개의 원판을 A에서 B로 이동한다.(C이용) - 가정
ㄴ) 1 개의 원판을 A에서 C로 이동한다. - 규칙
ㄷ) n-1 개의 원판을 B에서 C로 이동한다.(A이용) - 가정

ㄱ)ㄴ)ㄷ)에 의해 n개의 원판을 A에서 C로 이동할 수 있다.

이를 프로그램 코드로 구현하면 다음과 같이 표현할 수 있을 것입니다.

```cpp
void Hanoi(string src,string use,string target,int n)
{
    if(n>0) //재귀 함수의 탈출 조건
    {
        //src 기둥에 있는 n-1개의 원판을 target 기둥을 이용하여 use 기둥에 옮김
        Hanoi(src,target,use,n-1);
        //src 기둥 맨 바닥에 있는 1개의 원판을 target 기둥에 이동
        cout<<src<<" ==>"<<target<<endl;
        //use 기둥에 있는 n-1개의 원판을 src 기둥을 이용해서 target 기둥에 옮김
        Hanoi(src,target,use,n-1);
    }
}
```

[그림 20]은 Hanoi("A","B","C",3); 를 수행하였을 때의 실행 화면입니다.

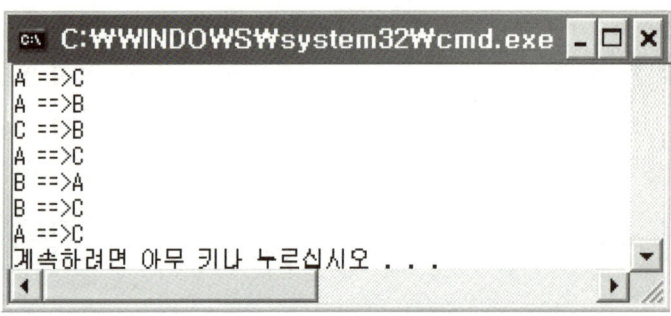

[그림 20] 하노이 타워 실행 화면

그런데 이처럼 재귀적으로 문제를 해결하면 개발 비용을 효과적으로 줄일 수 있지만, 재귀의 깊이가 커지면 커질수록 스택 메모리(프로세스의 메모리 종류 중 하나를 말함)가 한계치를 초과할 수도 있으며 재귀 함수를 호출하는 과정에 발생하는 시간 비용도 커지게 됩니다. 스택을 이용하면 재귀 함수를 사용하지 않고 이를 해결할 수 있게 되어 오버헤드를 줄일 수 있습니다.

하지만 개발자가 무엇을 언제 스택에 보관하고 언제 꺼내와서 어떻게 사용해야 하는지를 판단하는 것은 매우 어려운 일입니다. 스택을 사용해야 하는 상황은 반복해서 문제를 해결해야 하는데 반복문 내에서 수행해야 할 작업이 여러 개이고 그중에 일부 작업이 다시 같은 논리로 반복해서 해결해야 하는 경우가 있습니다. 이 경우에 반복문 내에서 특정한 상태를 보관하는 변수들이 반복문 내에서 해야 특정 작업으로 이후에 해야 할 작업에 필요한 상태가 바뀌면 스택을 사용하세요. 스택에는 작업에 필요한 상태를 저장합니다. 대신 스택은 LIFO 방식으로 동작하기 때문에 해야 할 작업 순서의 역으로 보관해야겠지요. 그리고 앞의 작업이 끝나면 스택에서 상태를 꺼내와서 작업을 수행합니다. 스택이 빌 때까지 이를 반복하면 원하는 작업을 모두 수행하게 됩니다. 다음의 예를 살펴보시기 바랍니다.

먼저, 언제 무엇을 스택에 보관할 것이며 이를 언제 꺼내와서 어떻게 사용할지 알아봅시다. 현재 A에 있는 n개의 원판을 B를 이용하여 C로 이동시켜야 한다고 할 때 해야 할 일은 무엇일까요? 이미 앞에서 살펴보았듯이 세 가지 작업이 있죠. 첫 번째 작업은 마지막 원판을 제외한 원판을 A에서 C를 이용하여 B로 이동시키는 작업입니다. 두 번째 작업은 A에 있는 한 개의 원판을 C에 이동을 시키는 것입니다. 그리고 B에 있는 원판들을 A를 이용하여 C로 이동시키면 될 것입니다.

그런데 첫 번째 작업과 세 번째 작업은 단일 작업이 아닌 여러 작업을 수행해야 합니다. 즉, 재귀를 사용하지 않으면 첫 번째 작업을 수행하는 과정에서 변수들의 값이 변경되어 두 번째 작업과 세 번째 작업을 무엇을 해야 하는지 기억하지 못하는 것이죠. 이에 여기에서는 상태(현재 원판이 있는 기둥, 사용할 기둥, 이동시킬 기둥, 원판 개수)를 정의하여 스택에 저장하려 합니다. 그리고 반복해서 스택에 저장된 것을 꺼내와서 해야 할 작업의 역순으로 상태를 스택에 보관하는 것이죠. 단, 꺼내온 상태의 원판 개수가 1인 경우에는 스택에 상태를 보관하지 않고 원판을 이동시킵니다. 스택이 비어있을 때까지 이를 반복하면 원하는 순서대로 원판을 옮길 수 있습니다.

이처럼 스택을 이용하여 문제를 해결하는 것은 그리 단순하지 않습니다. [그림 21]과 함께 다시 설명을 살펴보시고 소스 코드를 살펴보세요. 그리고 현재 여러분이 이 부분을 이해하는 데 들어가는 비용이 쓸데없이 크다고 생각하신다면 다음 단계로 넘어가십시오.

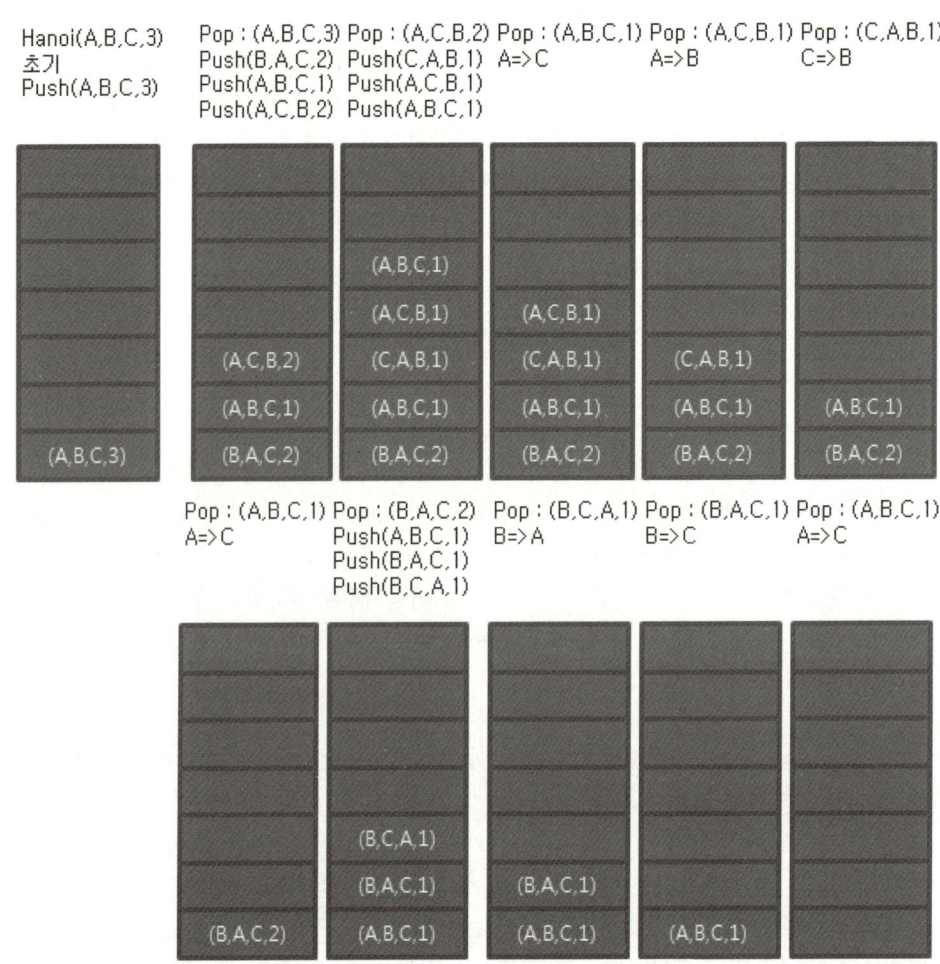

Hanoi(A,B,C,3) Pop : (A,B,C,3) Pop : (A,C,B,2) Pop : (A,B,C,1) Pop : (A,C,B,1) Pop : (C,A,B,1)
초기   Push(B,A,C,2) Push(C,A,B,1) A=>C   A=>B   C=>B
Push(A,B,C,3) Push(A,B,C,1) Push(A,C,B,1)
               Push(A,C,B,2) Push(A,B,C,1)

Pop : (A,B,C,1) Pop : (B,A,C,2) Pop : (B,C,A,1) Pop : (B,A,C,1) Pop : (A,B,C,1)
A=>C   Push(A,B,C,1) B=>A   B=>C   A=>C
               Push(B,A,C,1)
               Push(B,C,A,1)

[그림 21] 하노이 타워 - 스택 이용

```cpp
//Demo.cpp
#include <iostream>
#include <string>
#include <stack>
using namespace std;

//하노이 타워의 상태 정보 구조체
struct HanoiStat
{
    string src; // 원판이 있는 기둥
    string use; // 이용할 기둥
    string target; //이동시킬 타겟 기둥
    int n; //원판에 있는 원판 수 – 이동시켜야 할 원판 수

    HanoiStat(string src,string use,string target,int n)
    {
        this->src = src;
        this->use = use;
        this->target = target;
        this->n = n;
    }
    //n-1개의 원판을 src기둥에서 target기둥을 이용하여 use기둥으로 이동할 상태 복사
    HanoiStat *CloneFirst()
    {
        return new HanoiStat(src,target,use,n-1);
    }
    //src기둥에 있는 1개의 원판을 target에 이동할 상태 복사
    HanoiStat *CloneMiddle()
    {
        return new HanoiStat(src,use,target,1);
    }
```

```cpp
    //n-1개의 원판을 use기둥에서 src기둥을 이용하여 target기둥으로 이동할 상태 복사
    HanoiStat *CloneLast()
    {
        return new HanoiStat(use,src,target,n-1);
    }
    void Move()
    {
        //src에 있는 1개의 원판을 target으로 이동
        cout<<src<<"==>"<<target<<endl;
    }
};
void Hanoi(string src,string use,string target,int n);
void main()
{
    Hanoi("A","B","C",3);
}
void Hanoi(string src,string use,string target,int n)
{
    stack<HanoiStat *> stats;

    //초기 상태를 스택에 보관
    stats.push(new HanoiStat(src,use,target,n));

    HanoiStat *stat;
    while( ! stats.empty() ) //상태 스택이 남아 있다면
    {
        //STL에서 top 메서드는 맨 마지막 보관한 요소를 반환하는 메서드
        stat = stats.top();//스택에서 상태 정보를 얻어옴

        //STL에서 pop 메서드는 맨 마지막 보관한 요소를 지우는 메서드
        stats.pop();//top에 보관된 상태 지우기
```

```
    if(stat->n>1) //하노이 상태에 이동할 원판이 1개 이상일 때
    {
        //해야 할 작업을 역순으로 스택에 보관
        stats.push(stat->CloneLast());
        stats.push(stat->CloneMiddle());
        stats.push(stat->CloneFirst());
    }
    else if(stat->n == 1) //하노이 상태에 이동할 원판이 1개 일 때
    {
        stat->Move(); //원판을 이동
    }
  }
}
```

4.1.3 vector를 저장소로 하는 스택 구현하기

 이번에는 vector를 저장소로 하는 스택을 구현해 봅시다. STL의 stack 처럼 템플릿 클래스로 정의합시다. 먼저, 멤버 필드로 저장소가 필요하겠죠. 여기서는 저장소를 vector로 만들겠습니다.

```
template <typename T>
class stack
{
    vector<T> base; //요소를 보관할 내부 컬렉션
};
```

 push 메서드에서는 저장소에 차례대로 보관해야 하고 vector에서는 push_back 메서드를 사용하면 차례대로 보관할 수 있으니 이를 이용할게요.

```
void push(T data)
{
    base.push_back(data); //차례대로 보관
}
```

pop 메서드에서는 맨 마지막에 보관된 요소를 꺼내면 될 것입니다. vector에서는 end() 메서드를 호출했을 때 반환되는 iterator가 마지막 보관된 다음 위치를 알 수 있으며 뺄셈 연산을 사용할 수 있으므로 해당 위치에서 1을 빼면 맨 마지막에 보관된 요소의 위치를 알 수 있습니다. 그리고 erase 메서드를 사용하면 이를 꺼낼 수 있겠죠. 주의할 것은 보관된 것이 있는지를 확인해야 한다는 것입니다.

```
void pop()
{
    if(base.size()) //보관된 요소가 있을 때
    {
        //end는 맨 뒤에 보관된 요소 다음 위치, 즉 end()-1 은 맨 뒤에 보관된 요소 위치
        base.erase(base.end()-1); //맨 뒤에 요소를 지움
    }
}
```

top 메서드에서는 맨 마지막에 보관된 요소를 반환하면 되겠죠. pop 메서드와 마찬가지로 마지막 요소를 찾아 반환하면 될 것입니다.

```
T top()
{
    if(base.size())// 보관된 요소가 있다면
    {
        //반복자의 간접 연산을 하면 보관된 요소가 연산 결과
        return *(base.end()-1); //맨 뒤에 요소를 반환
    }
    return 0;
}
```

```
//EHStack.h
#include <vector>
using std::vector;
namespace EHLIB
{
    template<typename T>
    class stack
    {
        vector<T> base; // 요소를 보관하는 내부 컬렉션
    public:
        void push(T data)
        {
            base.push_back(data); //맨 뒤에 보관
        }
        void pop()
        {
            if(base.size()) //보관된 요소가 있을 때
            {
                //end()-1이 마지막 보관된 요소가 있는 위치
                base.erase(base.end()-1); //마지막에 보관된 요소를 지움
            }
        }
        T top()
        {
            if(base.size()) //보관된 요소가 있을 때
            {
                //반복자의 간접 연산의 결과는 보관된 요소
                return *(base.end()-1); //마지막 보관된 요소를 반환
            }
            return 0;
        }
```

```
    size_t size()
    {
        return base.size();
    }
    bool empty()
    {
        return base.size()==0;
    }
  };
};
```

4. 2 큐

큐(Queue)는 차례대로 자료를 보관하고 가장 오래전에 보관된 자료를 꺼내주는 FIFO 방식의 자료구조입니다. 큐에 자료를 보관하는 행위를 put, 꺼내는 행위는 get이라고 부릅니다. 이처럼 큐가 동작하기 위해서는 자료를 보관하는 저장소 외에 보관할 위치와 꺼낼 위치를 알고 있어야 할 것입니다. 큐에서는 보관할 위치를 rear라 부르고 꺼낼 위치를 front라고 부릅니다.

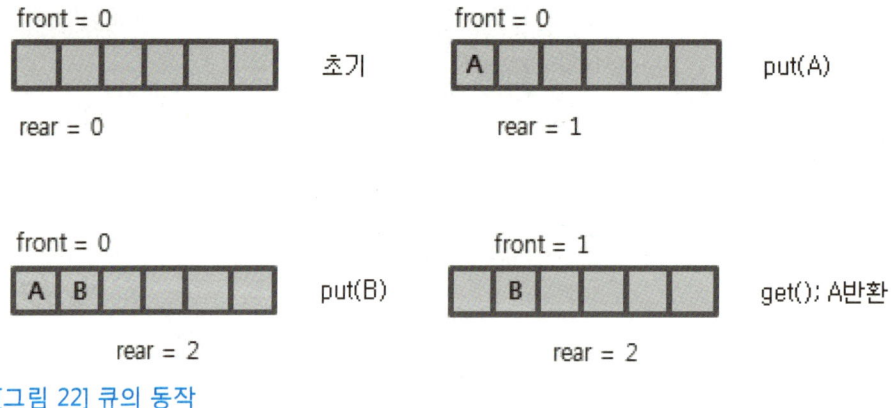

[그림 22] 큐의 동작

배열을 저장소로 하는 큐는 rear가 저장소의 끝에 왔을 때 꽉 찬 것으로 할 것인지에 대한 문제가 발생합니다. 가령, 큐의 저장소의 크기가 5일 경우에는 5번 put하고 3번 get을 하면 실제 보관된 것은 2개이지만 rear의 값이 큐의 저장소의 크기가 같아집니다. 이를 해결하는 방법은 여러 가지가 있는데 그중의 하나가 원형 큐입니다. 원형 큐에서는 put할 때 rear값을 변경하기 위해 다음의 수행 구문을 사용합니다.

rear = (rear + 1)%MAX_QUEUE_SIZE;

마찬가지로, get을 할 경우에도 front값은 front = (front+1)%MAX_QUEUE_SIZE;를 사용합니다. 원형 큐에서는 front와 rear의 값이 같을 때 비어있는 것으로 판단합니다. 그런데 큐의 저장소 사이즈가 5일 경우에 자료가 꽉 차면 front와 rear가 같아지게 됩니다. 결국, front와 rear가 같으면 꽉 차있으면서 비어 있는 것입니다. 결국, 초기 상태를 꽉 찬 상태로 판단할 수 있기 때문에 아무것도 보관할 수가 없습니다. 이를 보완하는 방법으로는 보관한 개수를 별도의 멤버로 두는 방법도 있고 front의 이전 값에 해당하는 위치는 완충 지대로 자료를 보관하지 않게 할 수가 있습니다.

완충 지대를 둔 원형 큐에서는 꽉 찬 것에 관한 판단은 다음 논리를 사용합니다.

front == (rear+1)%MAX_QUEUE_SIZE

4.2.1 간단한 원형 큐 만들기

큐에 대한 이해를 위해 정수형 자료를 보관할 수 있고 저장소가 배열로 되어있는 간단한 큐를 만들어 봅시다.

먼저, 큐의 저장소인 배열의 크기를 매크로 상수로 정의할게요.

#define MAX_QUEUE_SIZE   100

여기서 간단히 만드는 큐는 저장소가 배열로 만들 것이기 때문에 멤버 필드로 정수형 배열을 선언할게요. 그리고 보관할 위치(rear)와 꺼낼 위치(front)를 기억하기 위한 멤버 필드도 선언해야겠죠.

```
class Queue
{
    int base[MAX_QUEUE_SIZE];
    int front; //꺼낼 위치
    int rear;  //보관할 위치
};
```

그리고 Queue의 생성자 메서드와 저장소가 꽉 차있는지 비어있는지를 확인하는 메서드를 비롯하여 약속된 방식으로 자료를 보관하고 꺼내는 Put,Get 메서드를 캡슐화할게요.

```
public:
    Queue(void);
    bool IsFull()const; //꽉 찼는지 확인하는 메서드
    bool IsEmpty()const; //비었는지 확인하는 메서드
    void Put(int value); //보관하는 메서드
    int Get();//꺼내는 메서드
```

큐는 초기 상태에서 front와 rear를 0으로 초기화해 주면 되겠죠.

```
Queue::Queue(void)
{
    front = rear = 0;
}
```

완충 지대가 있는 원형 큐에서 front의 이전 값에 해당하는 영역은 자료를 보관하지 않습니다. 즉, rear의 다음 위치가 front일 경우에는 꽉 찬 것으로 취급합니다.

```
bool Queue::IsFull()const
{
    return front == (rear+1 )%MAX_QUEUE_SIZE;
}
```

물론, front와 rear의 값이 같으면 비어 있는 경우입니다.

```cpp
bool Queue::IsEmpty()const
{
    return front == rear;
}
```

Put 메서드에서는 rear 위치에 자료를 보관한 후에 rear를 다음 위치로 이동시키면 됩니다. 대신, 꽉 찼을 때에는 이를 수행할 수가 없겠죠.

```cpp
void Queue::Put(int value)
{
    if( ! IsFull() ) //꽉 차지 않았을 때
    {
        base[rear] = value; //rear위치에 보관
        rear = (rear+1) % MAX_QUEUE_SIZE; //rear 위치를 다음으로 이동
    }
}
```

Get 메서드에서는 front 위치에 보관된 자료를 반환하면 됩니다. 물론, 보관된 자료가 있어야 할 것입니다.

```cpp
int Queue::Get()
{
    int re = 0;
    if( ! IsEmpty() ) //비어있지 않을 때
    {
        re = base[front]; //front 위치에 있는 요소 re에 대입
        front = (front+1) % MAX_QUEUE_SIZE; //front 위치를 다음으로 이동
    }
    return re;
}
```

```
//Queue.h
#pragma once

#define MAX_QUEUE_SIZE    100
class Queue
{
    int base[MAX_QUEUE_SIZE]; //요소를 보관할 컬렉션
    int front; //꺼낼 위치
    int rear; //보관할 위치
public:
    Queue(void);
    bool IsFull()const; //꽉 찼는지 확인하는 메서드
    bool IsEmpty()const; //비었는지 확인하는 메서드
    void Put(int value); //요소를 보관하는 메서드
    int Get(); //보관된 요소를 꺼내는 메서드
};
```

```
//Queue.cpp
#include "Queue.h"
Queue::Queue(void)
{
    front = rear = 0;
}
bool Queue::IsFull()const
{
    return front == (rear+1 )%MAX_QUEUE_SIZE;
}
bool Queue::IsEmpty()const
{
    return front == rear;
}
```

```
void Queue::Put(int value)
{

    if( ! IsFull() ) //꽉 차지 않았을 때
    {

        base[rear] = value; //rear 위치에 보관
        rear = (rear+1) % MAX_QUEUE_SIZE; //rear 위치를 다음으로 이동

    }

}
int Queue::Get()
{

    int re = 0;
    if( ! IsEmpty() ) //비어있지 않을 때
    {

        re = base[front]; //front 위치에 보관된 요소를 re에 대입
        front = (front+1) % MAX_QUEUE_SIZE; //front 위치를 다음으로 이동

    }
    return re;

}
```

4.2.2 STL에서 제공하는 큐 사용하기 – 스케쥴러 시뮬레이션

앞에서 간단한 큐를 만들어 보았습니다. 이번에는 STL에서 제공하는 큐에 대해 알아봅시다. STL에서 제공되는 큐는 이름 공간 std에 정의되어 있으며 queue 파일을 포함해야 합니다.

```
#include <queue>
using std::queue;
```

큐를 사용하는 예를 보여주기 위해 스케쥴러 시뮬레이션을 만들어 볼게요. 시뮬레이션은 CPU가 하나 있는 컴퓨터 시스템에서 라운드 로빈 방식의 스케쥴러의 동작을 보여 드리려고 합니다. 스케쥴러는 컴퓨터 내에 여러 개의 프로세스(동작 중인 프로그램)중에서 누가 CPU를 사용할 것인지를 결정하는 개체입니다. (참고로 Windows 운영 체제는 스케쥴링 대상이 쓰레드입니다.) 그중에 라운드 로빈 방식의 스케쥴러는 시스템 내에 정해진

시간(타임 퀀텀)동안 CPU를 사용한 후에는 다시 대기 큐에 가서 대기하고 맨 앞에 대기하고 있는 프로세스가 CPU를 점유하여 사용하는 것을 반복하게 해 줍니다.

여기에서는 프로세스의 상태를 Idel(휴먼 상태), Ready(준비 상태), Run(동작 상태)로만 나누어서 시뮬레이션하겠습니다. 처음 프로그램을 실행시키면 Idle 상태에서 Ready 상태가 됩니다. 그리고 스케쥴러는 해당 프로세스를 대기 큐에 보관합니다. 그리고 자신이 수행할 차례가 되면 큐에서 꺼내와 Ready에서 Run 상태로 전이합니다. Run 상태에서 작업이 끝나면 프로세스는 사라집니다. 만약, Run 상태에서 수행 중에 정해진 시간(타임 퀀텀)이 지나면 다시 Ready 상태로 전이되며 대기 큐에 보관하게 되겠죠. 시뮬레이션에서는 프로세스마다 수행해야 할 전체 작업량과 CPU를 점유했을 때 사용할 수 있는 시간이 정해져 있다는 가정하에서 만들어 볼게요.

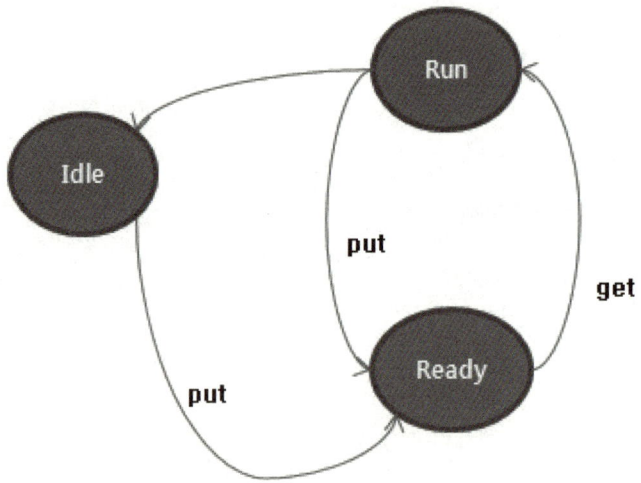

[그림 23] 프로세스 상태 전이

시뮬레이션은 하드 디스크에 설치된 프로그램을 차례대로 작동해 Idle 상태에서 Ready 상태로 전이하는 것을 초기화 단계에서 수행할게요. 그리고 시뮬레이션을 시작하면 스케쥴러는 Ready 큐에 프로세스가 남아 있다면 가장 오래전에 보관된 프로세스를 꺼내와서 Ready 상태에서 Run 상태로 전이시키고 Run 상태가 끝날 때 프로세스는 남은 작업량을 반환하도록 할게요. 프로세스가 Run 상태가 끝나면 남은 작업량을 스케쥴러에 반환하기로 할게요. 즉, 반환받은 값이 0이면 해당 프로세스를 Run 상태에서 Idle 상태로 전이시키고 0이 아니면 대기 큐에 다시 보관하고 해당 프로세스 상태를 Run에서 Ready로 전이시키면 되겠죠. 시뮬레이션은 이를 반복하며 큐가 비어있게 되면 시뮬레이션을 종료됩니다.

먼저, 프로세스를 정의해 볼게요. 프로세스는 프로그램 이름과 전체 작업량, cpu 점유 시에 수행 가능 작업량, 현재 남은 작업량, 현재 cpu 점유 시에 수행 가능 작업량을 멤버 필드로 캡슐화할게요.

```
class Process
{
    string pname; //프로그램 이름
    const int tjob; //전체 작업량
    const int cjob; //cpu 점유 시 수행 가능 작업량
    int ntjob; //현재 남은 작업량
    int ncjob; //현재 cpu 점유 시 수행 가능 작업량
};
```

그리고 프로세스에는 생성자 메서드와 상태를 전이하는 각 메서드를 캡슐화할게요. 생성자 메서드에서는 프로그램 이름, 전체 작업량, cpu 점유 시에 수행 가능 작업량을 입력 인자로 받게 합시다.

```
class Process
{
public:
    Process(string pname,int tjob,int cjob);
    void IdleToReady();//Idle(휴면)상태에서 Ready(대기)상태로 바뀜
    int Running();//CPU를 점유하여 실행, 반환값은 남은 작업량
    void EndProgram();//프로세스 종료
};
```

생성자 메서드에서는 프로그램 이름과 전체 작업량, cpu 점유 시 수행 가능 작업량을 초기화를 하면 되겠죠.

```
Process::Process(string pname,int tjob,int cjob):tjob(tjob),cjob(cjob)
{
    this->pname = pname;
}
```

IdleToReady 메서드는 프로그램이 프로세스가 되는 과정이므로 현재 남은 작업량을 설정하면 될 것입니다. 현재 남은 작업량은 프로그램이 시작하는 것이기 때문에 상수화 멤버 필드 값인 남은 작업량을 대입하면 될 것입니다.

```
void Process::IdleToReady()
{
    cout<<pname<<" 시작"<<endl;
    ntjob = tjop;
}
```

Running 메서드에서는 자신이 CPU를 점유하는 것이기 때문에 현재 cpu 점유 시 작업 가능량을 설정해야겠지요. 현재 cpu 점유 시 작업 가능량은 상수화 멤버인 cpu 점유 시 작업 가능량으로 대입합니다. 그리고 동작하는 프로세스가 누구인지 알 수 있게 한 번 수행할 때마다 프로그램 이름을 화면에 출력할게요. 한 번 수행할 때마다 현재 cpu 점유 시 작업 가능량과 현재 남은 작업량을 1 감소시키고 둘 중의 하나라도 0이 되면 수행을 멈춥니다. 그리고 현재 남은 작업량을 반환합시다.

```
int Process::Running()
{
    ncjob = cjob; //ncjob을 CPU 점유시 사용 가능한 시간으로 대입

    //남은 작업량(ntjob)과 현재 CPU 사용 가능한 시간(ncjob)이 참일 때
    for(  ; ntjob && ncjob ; ntjob--, ncjob--)
    {
        cout<<pname<<" ";//단위 시간의 작업을 수행함을 표현
    }
    cout<<endl; //CPU점유를 마치는 것을 표현
    return ntjob; //남은 작업량 반환
}
```

EndProgram 메서드에서는 자신이 종료되는 것을 화면에 보여주는 작업을 수행하면 됩니다.

```
void Process::EndProgram()
{
    cout<<pname<<"종료"<<endl;
}
```

이제, 스케쥴러를 만들어 봅시다. 스케쥴러에는 멤버 필드로 프로그램이 저장된 하드디스크와 대기 상태의 프로세스를 보관하는 큐를 캡슐화할게요.

```
class Scheduler
{
    mvector hard_disk; //프로그램을 보관할 하드디스크
    mqueue  ready_queue; //프로세스가 CPU를 점유하기 위해 대기하는 큐
};
```

스케쥴러의 생성자 메서드에서는 초기화와 시뮬레이션 가동을 하는 것으로 할게요.

```
Scheduler::Scheduler()
{
    //초기화에서는 프로그램을 하드디스크에 설치 및 프로그램 실행 명령
    Init();

    //모든 프로세스가 작업을 마칠 때까지 시뮬레이션 수행
    Simulation();
}
```

Init 메서드에서는 프로그램을 하드디스크에 보관한 후에 이들을 차례대로 가동하는 것으로 하겠습니다. 프로그램은 가동되면 Idel 상태에서 Ready 상태로 전이되며 대기 큐에 보관해야겠지요. STL에서는 queue에 자료를 보관하는 메서드 이름을 put이 아닌 push라고 정하였습니다.

```
void Scheduler::Init()
{
    //하드디스크에 프로그램 설치
    hard_disk.push_back(new Process("A",30,5));
    hard_disk.push_back(new Process("B",24,6));
    hard_disk.push_back(new Process("C",25,4));

    miter seek = hard_disk.begin();
    miter end = hard_disk.end();
    Process *pro=0;

    //하드디스크에 설치한 프로그램을 실행 명령
    for( ; seek != end ; ++seek)
    {
        pro = *seek;
        ready_queue.push(pro); //대기 큐에서 CPU 점유할 순서를 기다림
        pro->IdleToReady();//Idle 상태에서 Ready 상태로 전이
    }
}
```

Simulation 메서드에서는 대기 큐에 프로세스가 존재하면 다음을 반복할 거예요. 먼저, 가장 오래 보관된 프로세스를 가져옵니다. 가져온 프로세스는 Ready 상태에서 Run 상태로 전이되어 수행하게 되며 수행이 완료되면 남은 작업량이 0이면 프로세스를 종료시키고 0이 아니면 다시 대기 큐에 보관합니다. STL에서는 queue에 가장 오래전에 보관된 자료를 참조하는 메서드로 front를 제공하고 있고 이를 꺼내는 메서드로 pop을 제공하고 있습니다.

```
void Scheduler::Simulation()
{
    Process *process = 0;
    int jop=0;
    while( !ready_queue.empty() ) //대기 큐가 비어있지 않다면
    {
        process = ready_queue.front();//맨 먼저 대기한 프로세스를 꺼내옮
        ready_queue.pop();

        jop = process->Running();//꺼내온 프로세스를 실행
        if(job) //남은 작업이 있을 때
        {
            ready_queue.push(process); //대기 큐에서 차례를 기다림
        }
        else //남은 작업이 없을 때
        {
            process->EndProgram();//프로세스 종료
        }
    }
}
```

```cpp
//Process.h
#pragma once

#include <iostream>
#include <string>
using std::string;
using std::cout;
using std::endl;

class Process
{
    string pname; //프로그램 이름
    const int tjob; //전체 작업량
    const int cjob; //cpu 점유 시 수행가능 최대 작업량
    int ntjob; //현재 남은 작업량
    int ncjob; //현재 cpu 점유 시 수행가능 최대 작업량
public:
    Process(string pname,int tjob,int cjob);
    void IdleToReady();//Idle 상태에서 Ready 상태로 전이
    int Running();//CPU를 점유하여 실행, 남은 작업량 반환
    void EndProgram(); //프로세스 종료
};
```

```cpp
//Process.cpp
#include "Process.h"



Process::Process(string pname,int tjob,int cjob):tjob(tjob),cjob(cjob)
{
    this->pname = pname;
}
```

```cpp
void Process::IdleToReady()
{
    cout<<pname<<" 시작"<<endl;
    ntjob = tjob; //프로그램 이미지 메모리에 로딩을 표현
}


int Process::Running()
{
    ncjob = cjob; //ncjob에 CPU 사용할 수 있는 시간 대입


    //남은 작업량(ntjob)과 CPU 사용할 수 있는 시간(ncjob)이 있다면
    for(  ; ntjob && ncjob ; ntjob--, ncjob--)
    {
        cout<<pname<<" ";//단위 시간 작업 수행을 표현
    }


    cout<<endl; //CPU를 반납함을 표현
    return ntjob; //남은 작업량 반환
}

void Process::EndProgram()
{
    cout<<pname<<"종료"<<endl; //프로세스 종료를 표현
}
```

```cpp
//Scheduler.h
#pragma once
#include <vector>
#include <queue>
using std::vector;
using std::queue;
#include "Process.h"

typedef vector<Process *> mvector;
typedef queue<Process *> mqueue;
typedef mvector::iterator miter;

class Scheduler
{
    mvector hard_disk; // 하드디스크
    mqueue  ready_queue; //대기큐
public:
    Scheduler();
    virtual ~Scheduler();
private:
    void Init(); //시뮬레이션 초기화- 프로그램 설치 및 실행 명령
    void Simulation();//시뮬레이션 시작
    void Ending();//시뮬레이션 종료
};
```

```cpp
//Scheduler.cpp
#include "Scheduler.h"

Scheduler::Scheduler()
{
    Init();
    Simulation();
}
void Scheduler::Init()
{
    //하드디스크에 프로그램 설치를 표현
    hard_disk.push_back(new Process("A",30,5));
    hard_disk.push_back(new Process("B",24,6));
    hard_disk.push_back(new Process("C",25,4));

    miter seek = hard_disk.begin();
    miter end = hard_disk.end();
    Process *pro=0;
    //하드디스크에 설치된 프로그램을 실행 명령을 표현
    for( ; seek != end ; ++seek)
    {
        pro = *seek;
        ready_queue.push(pro); //대기큐에서 기다림
        pro->IdleToReady();//Idle 상태에서 Ready상태로 전이
    }
}


Scheduler::~Scheduler()
{
    Ending();
}
```

```
void Scheduler::Ending()
{
    miter seek = hard_disk.begin();
    for(   ; seek != hard_disk.end(); ++seek)
    {
        delete (*seek);
    }
}


void Scheduler::Simulation()
{
    Process *process = 0;
    int job=0;
    while( !ready_queue.empty() ) //대기큐가 비어있지 않을 때
    {
        //가장 오래 기다린 프로세스를 꺼내옮
        process = ready_queue.front();
        ready_queue.pop();

        job = process->Running();//꺼내온 프로세스를 실행
        if(job) //남은 작업이 있다면
        {
            ready_queue.push(process); //대기큐에서 기다림
        }
        else
        {
            process->EndProgram();//프로세스 종료
        }
    }
}
```

```cpp
//Demo.cpp
#include "Scheduler.h"
int main()
{
    Scheduler *pro = new Scheduler;
    delete pro;
    return 0;
}
```

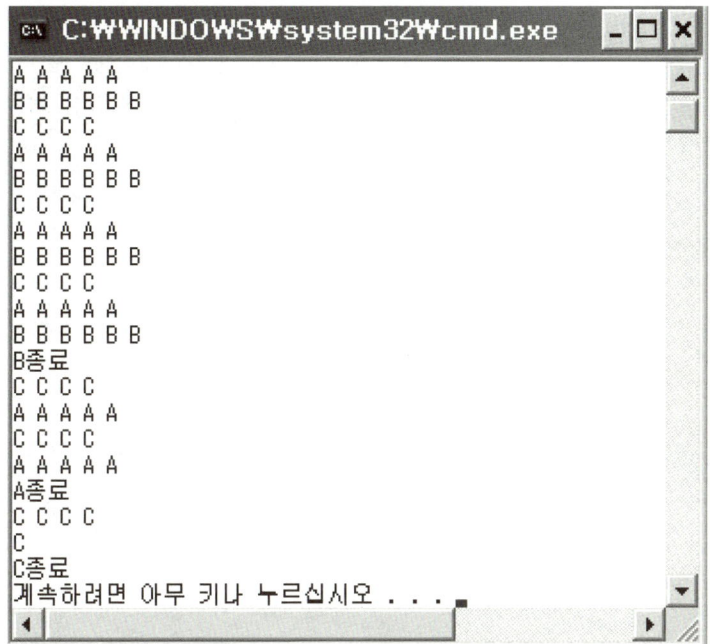

[그림 24] 스케쥴러 시뮬레이션 실행 화면

[그림 24]는 스케쥴러 시뮬레이션 실행 화면입니다. 여러분께서는 STL의 queue와 비슷한 동작을 하는 템플릿 클래스 queue를 직접 만들어 보세요.(어렵다고 생각되시면 4.1.3 스택 만들기를 참고하세요.)

05

map
이진 탐색 트리

5. 맵 (이진 탐색 트리)

 STL에서 제공되는 비선형 자료구조에는 set, multiset, map, multimap 등이 있습니다. 이들은 내부적으로 쓰레드 이진 탐색으로 구현되어 있습니다. set과 map은 같은 자료를 보관하지 못하며 multiset과 multimap은 같은 자료를 보관할 수 있습니다. 그리고 map과 multimap은 key와 value의 쌍을 보관하게 되어 있습니다. 이 책에서는 이진 탐색 트리가 무엇인지 살펴보고 STL에서 제공되는 map을 사용하는 방법을 익힌 후에 비슷한 구조를 갖는 map을 직접 만들어 봅시다.

5. 1 이진 탐색 트리

 트리는 비선형 자료구조의 하나로 방향성이 있고 고립된 데이터가 없는 그래프를 말합니다. 또한, 트리는 최상위에 있는 루트와 서브 트리의 집합이라고 말할 수도 있습니다.

 트리 = { 루트, 서브 트리들 : 단, 서브 트리는 트리 };

 트리는 계층화된 자료구조로 최상위 계층에 있는 것을 루트라 합니다. 그리고 서브 트리란 자신의 하위 계층에 있는 트리들을 말합니다.

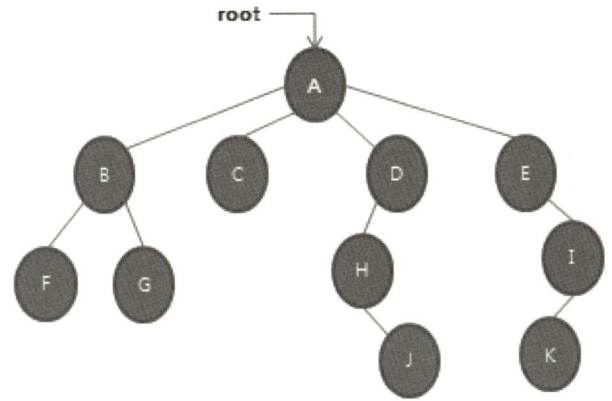

[그림 25] 트리

 트리는 목적에 따라 가지각색의 형태를 지닐 수 있는데 그중에 자식의 개수를 최대 2개를 가질 수 있는 트리를 이진 트리라 얘기를 합니다. 그리고 이진 트리중에 빠른 탐색을 목적으로 이진 논법에 따라 자료를 보관하는 이진 탐색 트리가 있습니다.

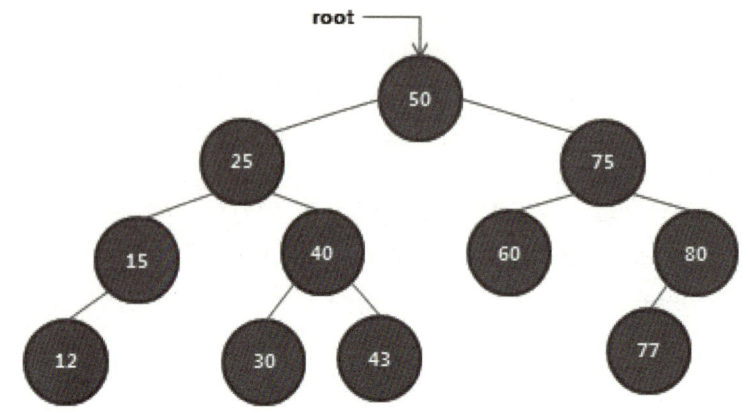

[그림 26] 이진 탐색 트리

이진 탐색 트리의 탐색 속도는 얼마나 되는지 살펴봅시다.

이진 트리는 계층 lev에 올 수 있는 데이터의 개수는 2의 (lev-1)승입니다.
따라서 높이가 h일 때 최대 자료의 개수는 (2의 h승) -1 이 되겠죠.

이진 탐색 트리에서는 특정 데이터와 비교하여 작으면 오른쪽 서브 트리에서 찾고 크면 왼쪽 서브 트리에서 찾으면 됩니다. 찾을 때까지 이를 반복한다고 했을 때 각 계층에 있는 데이터 중의 하나와 비교를 하므로 트리의 높이만큼만 비교하면 됩니다. 만약, 꽉 찬 이진 탐색 트리라면 자료가 10개 있을 때 4번 비교해야 하지만 1,000개면 10번, 1,000,000개면 20번, 1,000,000,000개면 30번만 비교하면 됩니다. 즉, 자료의 개수가 N일 경우에 탐색 속도는 O(logN)라고 말할 수 있습니다.

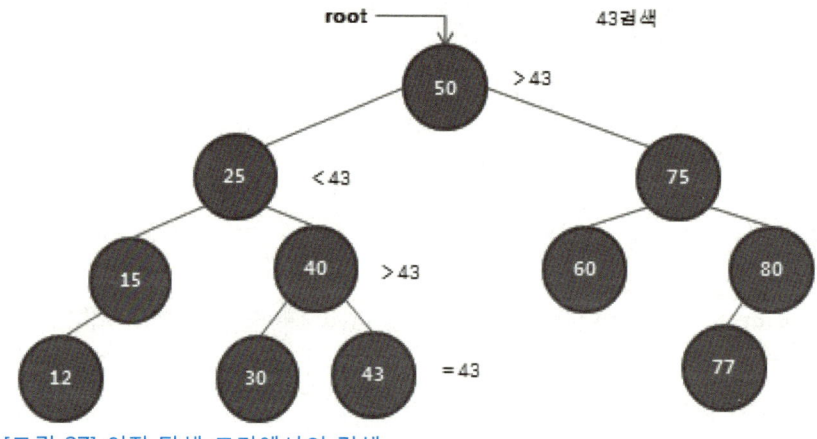

[그림 27] 이진 탐색 트리에서의 검색

이번에는 이진 탐색 트리의 모든 데이터를 방문하는 방법에 대해서 알아봅시다. 이진 탐색 트리로 자료를 관리하다 보면 전체 데이터를 보여주어야 하는 경우나 전체를 소멸해야 하는 경우, 다른 저장 장치에 보관하는 경우 등과 같이 모든 데이터를 방문해야 하는 경우가 발생합니다. 이처럼 모든 데이터를 방문해야 하면 원하는 순서로 모든 데이터를 방문하기 위해서는 어떻게 해야 할까요? 이에 대한 해법은 이진 탐색 트리의 서브 트리도 이진 탐색 트리라는 특징을 이용하여 재귀적으로 방문하면 효과적으로 해결할 수 있습니다.

먼저, 전체 데이터를 보여주는 경우를 생각해 봅시다. 이진 탐색 트리에 여러 데이터를 보관하여 관리하고 있을 때 사용자가 전체 데이터를 확인하기를 원하면 크기순으로 보여주면 좋을 것입니다. [그림 27]과 같은 이진 탐색 트리가 있다면 데이터의 크기순으로 보여주면 좋겠죠.(12, 15, 25, 30, 40, 43, 50, 60, 75, 77, 80) 이처럼 방문할 순서를 정하였다면 루트가 언제 방문하는지를 살펴보세요. 이 경우에는 왼쪽 서브 트리를 방문하고 루트를 방문한 후에 오른쪽 서브 트리를 방문하고 있습니다. 그리고 루트(50)의 오른쪽 서브 트리의 경우를 살펴보더라도 왼쪽 서브 트리(12, 15)를 방문하고 루트(25)를 방문한 후에 오른쪽 서브 트리(30, 40, 43) 순으로 방문하고 있다는 것을 확인할 수 있습니다. 이와 같은 논리는 나머지 모든 서브 트리에도 적용됨을 확인하실 수 있습니다. 이처럼 루트를 왼쪽 서브 트리를 방문하는 것과 오른쪽 서브 트리 방문하는 중간에 방문하는 방법을 중순위(inorder) 운행이라고 합니다.

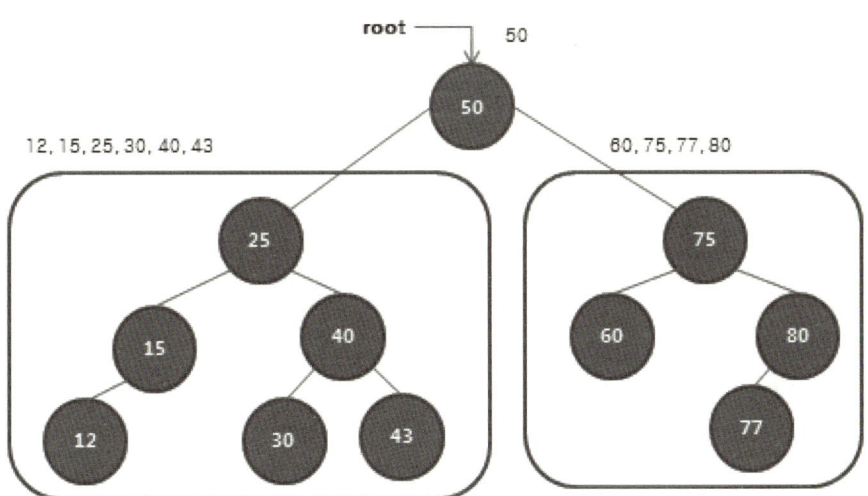

[그림 28] 중순위 운행

이를 재귀적인 방법으로 표현하면 다음과 같습니다.

```
void BinSearchTree::Inorder(Node *sub_root)  .
{
    if(sub_root) //sub_root가 참일 때, 재귀함수의 탈출 조건
    {
        Inorder(sub_root->lchild); //sub_root의 왼쪽 서브 트리를 운행
        View(sub_root); //sub_root를 방문
        Inorder(sub_root->rchild); // sub_root의 오른쪽 서브 트리를 운행
    }
}
```

이번에는 전체를 소멸하는 경우를 생각해 봅시다. 자식이 있을 때 자식보다 먼저 소멸하면 자식의 위치 정보를 알 수가 없게 됩니다. 이러한 이유로 자식이 먼저 소멸한 후에 부모가 소멸해야 합니다. root를 중심으로 생각한다면 왼쪽 서브 트리가 소멸한 후에 root가 소멸이 되고 오른쪽 서브 트리가 소멸합니다. [그림 29]와 같은 경우에 12, 15, 30, 43, 40, 25, 60, 77, 80, 75, 50 순으로 소멸하면 자식보다 부모가 먼저 소멸하는 경우가 발생하지 않을 것입니다. 이와 같은 운행 방법을 후순위(postorder) 운행이라고 말합니다.

이를 재귀적으로 표현하면 다음과 같습니다.

```
void BinSearchTree::Postorder(Node *sub_root)
{
    if(sub_root) //sub_root가 참일 때, 재귀함수의 탈출 조건
    {
        Postorder(sub_root->lchild); //sub_root의 왼쪽 서브트리를 운행
        Postorder(sub_root->rchild); //sub_root의 오른쪽 서브트리를 운행
        delete subroot; //sub_root를 소멸
    }
}
```

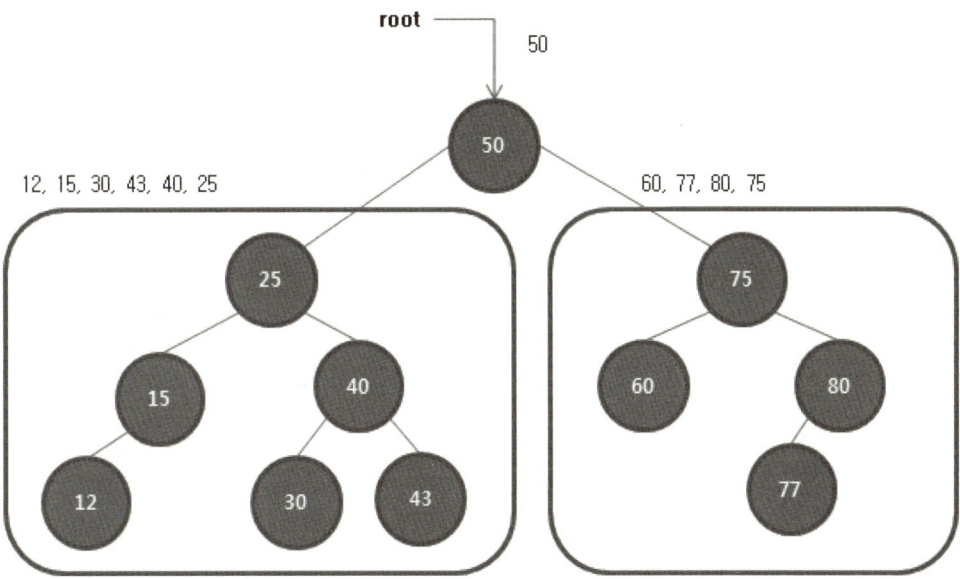

[그림 29] 후순위 운행

이번에는 다른 저장 장치에 보관하는 경우를 살펴봅시다. 만약, 이진 탐색 트리의 모든 데이터를 저장한 후에 이를 이용하여 다시 이진 탐색 트리를 구성한다고 했을 때 원래의 모습을 유지하기 위해서는 어떠한 순으로 저장해야 할까요? 이 경우에 root를 먼저 저장한 후에 왼쪽 서브 트리를 저장하고 오른쪽 서브 트리를 저장하면 이를 이용하여 다시 이진 탐색 트리를 구성하면 원래의 모습을 유지하게 됩니다. 여러분께서 한번 그림을 그려보시기 바랍니다. 이러한 운행방법을 전순위 운행이라고 합니다. [그림 30]을 전순위 운행으로 방문하면 50, 25, 15, 12, 40, 30, 43, 75, 60, 80, 77순으로 방문하게 됩니다.

이를 재귀적으로 표현하면 다음과 같습니다.

```
void BinSearchTree::Preorder(Node *sub_root)
{
    if(sub_root) //sub_root가 참일 때, 재귀함수의 탈출 조건
    {
        DoIt(sub_root); //sub_root를 방문
        Preorder(sub_root->lchild); //sub_root의 왼쪽 서브트리 운행
        Preorder(sub_root->rchild); //sub_root의 오른쪽 서브트리 운행
    }
}
```

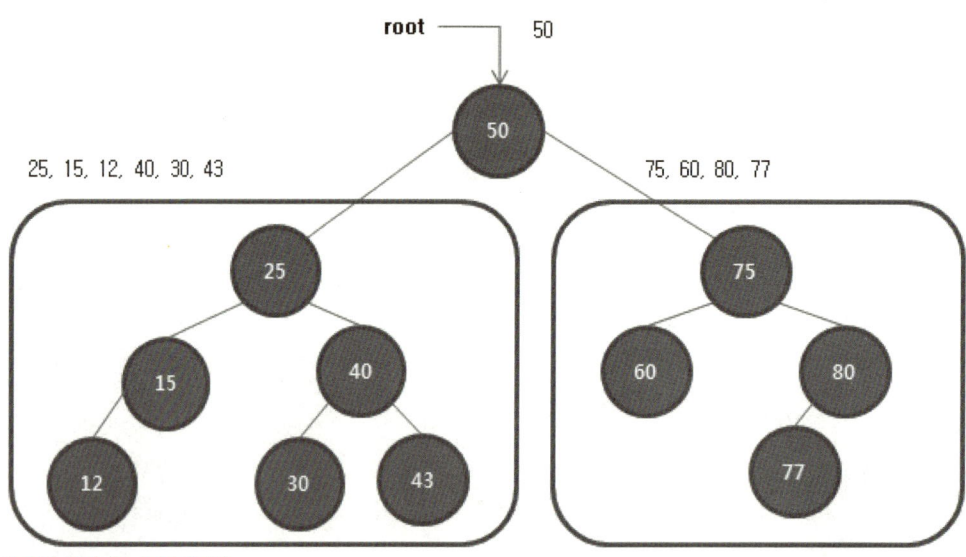

[그림 30] 전순위 운행

5. 2 map 사용하기

이번에는 STL에서 제공하는 map을 사용하는 방법에 대해서 살펴보기로 합시다.

map은 key와 value를 쌍으로 구성하는 pair를 보관하게 되어 있습니다. map에서는 key를 기준으로 자료를 보관하고 검색하게 됩니다. 만약, 회원 관리 프로그램에서 회원의 id를 기준으로 map에 보관하면 다음과 같이 string을 키로 하고 Member *를 value로 하는 pair를 보관하면 될 것입니다.

```
#include <map>
using std::map;
using std::pair;
using std::make_pair;
typedef map<string,Member *> MemCollection;
typedef map<string,Member *>::iterator MemIter;
```

여기에서는 map을 사용하는 방법을 두 가지 방법으로 나누어 설명할게요. 첫 번째 방법은 insert, find, erase, iterator를 사용하는 방법이고 두 번째 방법은 인덱스 연산자를 사용하는 방법입니다.

map을 사용하는 방법을 설명하기 위한 프로그램은 두 가지 경우 모두 회원 관리 프로그램으로 하겠습니다.

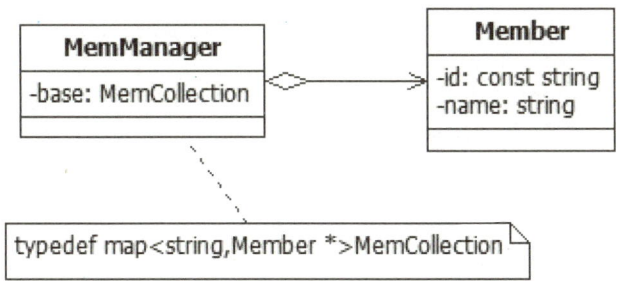

[그림 31] 회원 관리 프로그램의 클래스 다이어그램

5.2.1 insert, find, erase, iterator 사용하기

이 책에서는 회원 관리 프로그램을 만드는 과정을 통해 map을 사용하는 방법을 설명하기로 할게요. 먼저, 두 가지 경우에 공통으로 사용하게 될 회원에 대한 정의를 하고 갑시다. 회원은 아이디와 이름을 멤버 필드로 갖는 클래스로 간단하게 정의를 할게요.

```cpp
//Member.h
#pragma once
#include "EHGlobal.h"
class Member
{
    const string id;
    string name;
public:
    Member(string id,string name):id(id),name(name)
    {
    }
    string GetId()const{   return id;   }
    string GetName()const{   return name;   }
};
```

그리고 회원 관리 프로그램의 진입점도 두 가지 경우 모두 같게 구현할게요.

```cpp
//Demo.cpp
#include "MemManager.h"
void main()
{
    MemManager *mm = new MemManager();
    mm->Run();
    delete mm;
}
```

이제, map을 사용하는 방법에 대해 구체적으로 살펴보기로 합시다. 여기에서는 map에 보관하는 방법과 삭제하는 방법, 검색하는 방법, 보관된 전체 요소를 확인하는 방법에 대해서 살펴볼게요.

회원 관리 프로그램의 main 함수를 보시면 회원 관리자(MemManager) 개체를 생성한 후에 Run을 수행한 후에 소멸하고 있습니다. 이에 MemManager 클래스에는 생성자와 소멸자, Run 메서드를 캡슐화하고 접근 수준을 public으로 지정해야 할 것입니다.

```cpp
class MemManager
{
public:
    MemManager(void);
    ~MemManager(void);
    void Run();
};
```

회원 관리자에서는 회원의 아이디를 키로 하고 회원(Member) 개체의 위치 정보를 값으로 하는 pair를 보관하는 map으로 관리할 것입니다. 회원 관리자에는 MemCollection 개체를 멤버 필드로 캡슐화하고 있어야 할 것입니다. 이를 위해 다음과 같은 약속 할게요.

```cpp
#include <map>
using std::map;
using std::pair;
using std::make_pair;
typedef map<string,Member *> MemCollection;
typedef map<string,Member *>::iterator MemIter;

class MemManager
{
    MemCollection base; //회원을 보관하는 컬렉션(map)
};
```

Run 메서드에서는 프로그램 사용자가 선택한 메뉴를 수행하는 것을 반복하는 형태로 구현할게요. 이에 대해 특별한 설명은 하지 않겠습니다.

```cpp
void MemManager::Run()
{
    int key=0;
    while((key = SelectMenu())!=ESC)
    {
        switch(key)
        {
        case F1: AddMem(); break;
        case F2: RemoveMem(); break;
        case F3: SearchMem(); break;
        case F4: ListAll(); break;
        default: cout<<"잘못된 메뉴를 선택하였습니다."<<endl;
        }
        cout<<"아무 키나 누르세요"<<endl;
        ehglobal::getkey();
    }
}
```

Run 메서드에서 호출하여 사용할 멤버 메서드들은 접근 수준을 private으로 캡슐화하면 되겠죠.

```cpp
class MemManager
{
private:
    keydata SelectMenu();
    void AddMem();
    void RemoveMem();
    void SearchMem();
    void ListAll();
    Member *FindByName(string name);
};
```

메뉴를 보여주고 선택하는 SelectMenu 메서드에 대한 설명은 특별한 것이 없으므로 생략하기로 할게요.

```cpp
keydata MemManager::SelectMenu()
{
    ehglobal::clrscr();
    cout<<"메뉴 [ESC]:종료"<<endl;
    cout<<"[F1]:회원 추가 [F2]:회원 삭제 [F3]:회원 검색 [F4]:전체 보기"<<endl;
    cout<<"메뉴를 선택하세요"<<endl;

    return ehglobal::getkey();
}
```

회원을 추가하는 AddMem 메서드를 구현해 보기로 합시다. 회원 관리자에서는 회원의 아이디를 키로 하고 있습니다. 따라서 회원의 아이디를 입력받은 후에 이미 존재 여부를 확인해야겠지요. map에서는 키를 입력 인자로 받아 보관된 자료의 iterator를 반환해 주는 find 메서드를 제공하고 있습니다. vector와 list 등에서는 알고리즘으로 제공되는 find 함수나 find_if 함수를 사용하였는데 이는 순차적인 탐색이었습니다. 이에 반해 map에서 제공되는 find 메서드는 이진 탐색 트리에서 이진 논법에 따라 탐색을 하므로 검색 효율성을 높일 수 있습니다. 만약, 해당 키를 갖는 pair가 보관되지 않았다면 map의 end 메서드를 통해 반환되는 iterator와 같은 값이 반환됩니다.

```
cout<<"추가할 회원 아이디를 입력하세요."<<endl;
string id = ehglobal::getstr();

MemIter seek = base.find(id); //map의 find 메서드에 키(회원 아이디)로 위치 찾기
if(seek != base.end())//seek가 base.end()와 같지 않으므로 seek위치에 보관되어 있음
{
    cout<<"이미 존재하는 아이디입니다."<<endl;
    return;
}
```

만약, 같은 아이디가 없다면 회원의 이름을 입력받아 회원 개체를 생성하여 map에 보관하면 되겠죠. map에서는 key와 value를 쌍으로 하는 pair 형식으로 보관합니다. 여기에서는 id를 키로 하고 회원 개체의 위치 정보를 value를 쌍으로 하는 pair를 보관합니다. STL에서는 make_pair 메서드를 사용하여 pair를 만들 수 있습니다. 그리고 map은 insert 메서드에 pair를 입력 인자로 전달하여 자료를 보관할 수 있습니다.

```
cout<<"회원 이름을 입력하세요."<<endl;
string name = ehglobal::getstr();

//map은 키와 값으로 구성된 pair를 보관
base.insert(make_pair(id,new Member(id,name)));
```

회원을 삭제하는 RemoveMem 메서드를 구현해 봅시다. 여기에서도 삭제할 id를 입력받아 map에서 찾는 작업이 선행돼야 하겠죠.

```
cout<<"삭제할 회원 아이디를 입력하세요."<<endl;
string id = ehglobal::getstr();

MemIter seek = base.find(id); //map의 find 메서드에 키로 보관된 요소 찾기

if(seek == base.end())//seek가 base.end()와 같다면 검색 조건에 맞는 요소가 없음
{
    cout<<"존재하지 않는 아이디입니다."<<endl;
    return;
}
```

map에서 보관된 자료를 삭제할 때 사용하는 메서드는 vector와 list처럼 erase 메서드를 사용할 수 있습니다. map의 erase 메서드에도 삭제할 위치에 해당하는 iterator를 입력 인자로 전달하면 됩니다.

```
//반복자의 간접 연산의 결과는 보관한 요소 형식 pair<string,Member *>
delete (*seek).second; //pair의 second는 값인 보관된 요소의 회원 위치 정보

base.erase(seek);
cout<<"삭제하였습니다."<<endl;
```

검색하는 SearhMem에서도 보관된 자료를 찾는 것은 같습니다.

```
cout<<"검색할 회원 아이디를 입력하세요."<<endl;
string id = ehglobal::getstr();

MemIter seek = base.find(id); //map의 find 메서드에 키로 보관된 요소 찾기
if(seek == base.end())//seek가 base.end()일 때는 검색 조건에 맞는 요소가 없을 때
{
    cout<<"존재하지 않는 아이디입니다."<<endl;
    return;
}
```

map 형식 내부의 iterator 형식은 간접 연산자를 통해 key와 value가 쌍인 pair로 변환됩니다. 여기에서는 value에 해당하는 회원 개체의 위치 정보를 얻어와야겠지요. pair 형식에서는 key를 얻어올 때 사용할 수 있는 멤버 first와 value를 얻어올 수 있는 second를 제공하고 있습니다. 즉, 회원 개체의 위치 정보를 얻어오기 위해서는 pair의 second를 이용하면 됩니다.

```
Member *mem = (*seek).second;
cout<<mem->GetId()<<":"<<mem->GetName()<<endl;
```

전체 회원 정보를 보여주는 ListAll 메서드에서는 map의 begin 메서드를 사용해 얻어온 반복자에서 end 메서드를 사용해 얻어온 반복자 사이에 있는 모든 회원 개체의 위치 정보를 얻어와 정보를 보여주면 될 것입니다. SearhMem을 구현하면서 설명했던 것처럼 반복자의 간접 연산을 통해 얻어온 pair의 second 멤버를 통해 회원 개체의 위치 정보를 얻어올 수 있습니다.

```
MemIter seek = base.begin();
MemIter end = base.end();
Member *mem = 0;

//반복자를 사용하여 차례대로 회원의 정보를 출력
for(  ; seek != end ; ++seek)
{
    mem = (*seek).second; //pair의 second는 보관된 요소의 값(회원 위치 정보)
    cout<<mem->GetId()<<":"<<mem->GetName()<<endl;
}
```

마지막으로 회원 관리자 소멸자 메서드에서는 자신이 생성하여 map에 보관했던 모든 회원 개체를 소멸하는 책임을 지는 코드를 작성해야겠지요.

```
MemIter seek = base.begin();
MemIter end = base.end();
for(  ; seek != end ; ++seek)
{
    delete (*seek).second;
}
```

```cpp
//MemManager.h
#pragma once
#include "Member.h"
#include <map>
using std::map;
using std::pair;
using std::make_pair;
typedef map<string,Member *> MemCollection;

class MemManager
{
    MemCollection base; //컬렉션(map)

public:
    MemManager(void);
    ~MemManager(void);
    void Run();

private:
    keydata SelectMenu();
    void AddMem();
    void RemoveMem();
    void SearchMem();
    void ListAll();
};
```

```cpp
//MemManager.cpp
#include "MemManager.h"
typedef map<string,Member *>::iterator MemIter;


MemManager::MemManager(void)
{
}


MemManager::~MemManager(void)
{
    MemIter seek = base.begin();
    MemIter end = base.end();

    //반복자를 사용하여 차례대로 보관된 요소의 값인 회원 개체를 소멸
    for( ; seek != end ; ++seek)
    {
        delete (*seek).second; //보관되 요소(pair)의 second는 값인 회원 위치정보
    }
}

void MemManager::Run()
{
    int key=0;
    while((key = SelectMenu())!=ESC)
    {
        switch(key)
        {
        case F1: AddMem(); break;
        case F2: RemoveMem(); break;
        case F3: SearchMem(); break;
        case F4: ListAll(); break;
```

```cpp
        default: cout<<"잘못된 메뉴를 선택하였습니다."<<endl;
        }
        cout<<"아무 키나 누르세요"<<endl;
        ehglobal::getkey();
    }
}

keydata MemManager::SelectMenu()
{
    ehglobal::clrscr();

    cout<<"메뉴 [ESC]:종료"<<endl;
    cout<<"[F1]:회원 추가 [F2]:회원 삭제 [F3]:회원 검색 [F4]:전체 보기"<<endl;
    cout<<"메뉴를 선택하세요"<<endl;

    return ehglobal::getkey();
}

void MemManager::AddMem()
{
    cout<<"추가할 회원 아이디를 입력하세요."<<endl;
    string id = ehglobal::getstr();

    MemIter seek = base.find(id); //map의 find 메서드로 id가 보관된 위치 찾기
    if(seek != base.end())
    {
        cout<<"이미 존재하는 아이디입니다."<<endl;
        return;
    }
```

```cpp
    cout<<"회원 이름을 입력하세요."<<endl;
    string name = ehglobal::getstr();


    //id를 키, 회원 위치 정보를 값으로 하는 pair를 map에 보관
    base.insert(make_pair(id,new Member(id,name)));
}

void MemManager::RemoveMem()
{
    cout<<"삭제할 회원 아이디를 입력하세요."<<endl;
    string id = ehglobal::getstr();

    MemIter seek = base.find(id); //map의 find 메서드로 id가 보관된 위치 찾기
    if(seek == base.end())
    {
        cout<<"존재하지 않는 아이디입니다."<<endl;
        return;
    }

    delete (*seek).second; //보관된 요소의 second는 회원 위치 정보
    base.erase(seek);
    cout<<"삭제하였습니다."<<endl;
}
```

```cpp
void MemManager::SearchMem()
{
    cout<<"검색할 회원 아이디를 입력하세요."<<endl;
    string id = ehglobal::getstr();

    MemIter seek = base.find(id); //map의 find 메서드로 id가 보관된 위치 찾기
    if(seek == base.end())
    {
        cout<<"존재하지 않는 아이디입니다."<<endl;
        return;
    }

    Member *mem = (*seek).second;
    cout<<mem->GetId()<<":"<<mem->GetName()<<endl;
}

void MemManager::ListAll()
{
    MemIter seek = base.begin();
    MemIter end = base.end();
    Member *mem = 0;

    //반복자를 사용하여 차례대로 회원의 정보 출력
    for(  ; seek != end ; ++seek)
    {
        mem = (*seek).second;
        cout<<mem->GetId()<<":"<<mem->GetName()<<endl;
    }
}
```

5.2.2 인덱스 연산자 사용하기

 이번에는 map에서 제공하는 인덱스 연산자를 사용하여 회원 관리 프로그램을 구현해 보기로 할게요. 여기에서도 앞에서 사용했던 회원에 대한 정의를 구현한 Member.h와 진입점이 있는 Demo.cpp는 같습니다. 여기에서는 차이가 있는 부분에 관해서만 얘기할게요.

 먼저, 회원 정보를 추가하는 AddMem 메서드에 대해 살펴봅시다. map에서는 key 값을 인자로 인덱스 연산을 사용하면 value 값을 얻을 수 있습니다. 만약, 보관되지 않는 key값을 사용을 하면 해당 key값과 value가 0인 pair가 보관되며 연산 결과로 0이 반환됩니다. 즉, 인덱스 연산을 하였을 때 연산 결과가 0이라는 것은 개발자 의도에 의해 보관된 것이 없다는 것을 의미합니다.

```
cout<<"추가할 회원 아이디를 입력하세요."<<endl;
string id = ehglobal::getstr();

Member *member = base[id]; //map의 인덱스 연산(키(id) 를 사용) 결과는 값(회원)
//만약, 없을 때 pair<id, 0>가 보관하고 0을 반환함

if(member) //키(id)에 해당하는 값(회원)을 찾았을 때
{
    cout<<"이미 존재하는 아이디입니다."<<endl;
    return;
}
```

 추가하고자 할 경우에도 인덱스 연산을 이용할 수 있습니다.

```
cout<<"회원 이름을 입력하세요."<<endl;
string name = ehglobal::getstr();

//map의 인덱스 연산을 이용하여 pair<키,값>을 보관할 수 있음
base[id] = new Member(id,name);
```

보관된 회원 정보를 찾아 삭제하는 RemoveMem 메서드를 구현해 봅시다. 여기에서도 인덱스 연산을 통해 입력받은 id에 해당하는 회원 개체를 얻어오게 됩니다. 만약, 연산 결과가 0이라면 보관된 회원 정보가 없다는 것입니다.

```
cout<<"삭제할 회원 아이디를 입력하세요."<<endl;
string id = ehglobal::getstr();

//map의 인덱스 연산을 이용하여 키(id)에 해당하는 값(회원 위치 정보)를 얻어올 수 있음
//키(id)에 해당하는 값이 없을 때 pair<id,0>을 보관한 후에 0을 반환
Member *member = base[id];

if(member == 0) //없을 때
{
    cout<<"존재하지 않는 아이디입니다."<<endl;
    return;
}
```

보관된 회원 정보가 있다면 회원 개체를 소멸하면 될 것입니다. 그리고 인덱스 연산을 통해 해당 id의 value값을 0으로 변경해 주어야겠지요.

```
delete member;

base[id] = 0; //map의 인덱스 연산으로 보관된 요소의 값을 변경도 가능
cout<<"삭제하였습니다."<<endl;
```

회원 정보를 찾아 보여주는 SearchMem 메서드를 구현해 봅시다. 여기에서도 입력한 id 에 해당하는 보관된 회원 개체를 얻어오는 과정은 같습니다. 단지, 찾은 회원의 정보를 보여주는 부분만 다르겠죠.

```
cout<<"검색할 회원 아이디를 입력하세요."<<endl;
string id = ehglobal::getstr();

//map의 인덱스 연산을 이용하여 키(id)에 해당하는 값(회원 위치 정보)를 얻어올 수 있음
//키(id)에 해당하는 값이 없을 때 pair<id,0>을 보관한 후에 0을 반환
Member *member = base[id];
if(member == 0) //id에 해당하는 회원 정보가 없을 때
{
    cout<<"존재하지 않는 아이디입니다."<<endl;
    return;
}
cout<<member->GetId()<<":"<<member->GetName()<<endl;
```

전체 회원의 정보를 보여주는 ListAll에서는 map의 begin 메서드를 이용해 얻어온 반복자와 end 메서드를 호출해 얻어온 반복자 사이에 있는 회원 정보를 보여주면 될 것입니다. 주의할 사항은 회원 개체 값이 0인 것은 개발자 의도에 의해 보관된 것이 아니므로 필터링을 해야 합니다.

```
MemIter seek = base.begin();
MemIter end = base.end();
Member *member = 0;

for( ; seek != end ; ++seek)
{
    member = (*seek).second; //보관된 요소의 second는 값(회원 위치 정보)
    if(member)
    {
        cout<<member->GetId()<<":"<<member->GetName()<<endl;
    }
}
```

마지막으로 회원 관리자의 소멸자에서 생성했던 모든 회원 개체를 소멸해 주어야 합니다. ListAll처럼 필터링을 해야겠지요.

```
MemIter seek = base.begin();
MemIter end = base.end();
Member *member = 0;

for(  ; seek != end ; ++seek)
{
    member = (*seek).second; //보관된 요소의 second는 값(회원 위치 정보)
    //인덱스 연산을 사용했으므로 값이 0인 요소가 있을 수 있으므로 필터링
    if(member) //실제 회원 위치 정보가 있을 때
    {
        delete member;
    }
}
```

다른 부분은 앞에서 구현했던 프로그램과 같아서 설명을 생략할게요.

```cpp
//MemManager.cpp
#include "MemManager.h"

MemManager::MemManager(void)
{
}

MemManager::~MemManager(void)
{
    MemIter seek = base.begin();
    MemIter end = base.end();
    Member *member = 0;

    for( ; seek != end ; ++seek)
    {
        member = (*seek).second; //보관된 요소의 second는 값(회원 위치 정보)

        //인덱스 연산을 사용했으므로 값이 0인 요소가 있을 수 있음
        if(member) //실제 회원 정보가 있을 때
        {
            delete member;
        }
    }
}
```

```cpp
void MemManager::Run()
{
    int key=0;

    while((key = SelectMenu())!=ESC)
    {
        switch(key)
        {
        case F1: AddMem(); break;
        case F2: RemoveMem(); break;
        case F3: SearchMem(); break;
        case F4: ListAll(); break;
        default: cout<<"잘못된 메뉴를 선택하였습니다."<<endl;
        }

        cout<<"아무 키나 누르세요"<<endl;
        ehglobal::getkey();
    }
}

keydata MemManager::SelectMenu()
{
    ehglobal::clrscr();

    cout<<"메뉴 [ESC]:종료"<<endl;
    cout<<"[F1]:회원 추가 [F2]:회원 삭제 [F3]:회원 검색 [F4]:전체 보기"<<endl;
    cout<<"메뉴를 선택하세요"<<endl;

    return ehglobal::getkey();
}
```

```cpp
void MemManager::AddMem()
{
    cout<<"추가할 회원 아이디를 입력하세요."<<endl;
    string id = ehglobal::getstr();

    //인덱스 연산을 사용했을 때 id에 해당하는 값이 연산 결과임
    //id에 해당하는 값(회원 위치 정보)가 없으면 pair<id,0>이 보관되고 0 반환
    Member *member = base[id];

    if(member) // id에 해당하는 회원 위치 정보가 있을 때
    {
        cout<<"이미 존재하는 아이디입니다."<<endl;
        return;
    }

    cout<<"회원 이름을 입력하세요."<<endl;
    string name = ehglobal::getstr();

    //인덱스 연산을 이용하여 요소를 보관하거나 보관된 요소의 값을 변경 가능
    base[id] = new Member(id,name);
}

void MemManager::RemoveMem()
{
    cout<<"삭제할 회원 아이디를 입력하세요."<<endl;
    string id = ehglobal::getstr();

    //인덱스 연산을 사용했을 때 id에 해당하는 값이 연산 결과임
    //id에 해당하는 값(회원 위치 정보)가 없으면 pair<id,0>이 보관되고 0 반환
    Member *member = base[id];
```

```cpp
    if(member == 0) //id에 해당하는 회원 위치 정보가 없을 때
    {
        cout<<"존재하지 않는 아이디입니다."<<endl;
        return;
    }


    delete member;


    //인덱스 연산으로 보관된 회원 위치 정보를 0으로 변경
    base[id] = 0;
    cout<<"삭제하였습니다."<<endl;
}
void MemManager::SearchMem()
{
    cout<<"검색할 회원 아이디를 입력하세요."<<endl;
    string id = ehglobal::getstr();


    //인덱스 연산을 사용했을 때 id에 해당하는 값이 연산 결과임
    //id에 해당하는 값(회원 위치 정보)가 없으면 pair<id,0>이 보관되고 0 반환
    Member *member = base[id];


    if(member == 0) //id에 해당하는 회원 위치 정보가 없을 때
    {
        cout<<"존재하지 않는 아이디입니다."<<endl;
        return;
    }


    cout<<member->GetId()<<":"<<member->GetName()<<endl;
}
```

```
void MemManager::ListAll()
{
    MemIter seek = base.begin();
    MemIter end = base.end();
    Member *member = 0;


    for( ; seek != end ; ++seek)
    {
        member = (*seek).second; //보관된 요소의 second는 값(회원 위치 정보)


        //인덱스 연산을 사용했으므로 값이 0인 요소가 있을 수 있음
        if(member) //실제 회원 위치 정보가 있을 때
        {
            cout<<member->GetId()<<":"<<member->GetName()<<endl;
        }
    }
}
```

5.3 map 만들기

이번에는 STL에서 제공되는 map과 비슷한 역할을 하는 템플릿 클래스를 만들어 봅시다.

5.3.1 pair 만들기

STL에서 제공하는 map은 템플릿 클래스로 템플릿 형식 인자가 key와 value쌍으로 갖는 pair<key,value> 개체를 보관하게 설계되어 있습니다. 멤버 필드로 key형식의 first 멤버 필드와 value 형식의 second가 있으며 이들에 대한 접근이 가능하므로 구조체로 정의하면 적당할 것 같군요.

```
template <typename key,typename value>
struct pair
{
    key first; //키
    value second; //값
    pair(){    }
    pair(key k,value v)
    {
        first = k;
        second = v;
    }
};
```

그리고 key값과 value값을 입력 인자로 받아 pair 개체를 만들어 반환하는 make_pair 함수도 제공하고 있습니다.

```
template <typename key,typename value>
pair<key,value> make_pair(key k,value v)
{
    pair<key,value> re(k,v);
    return re;
}
```

5.3.2 map 만들기

먼저, 프로젝트를 만들어 앞에서 만든 파일들을 추가하세요. 그리고 EHMap.h를 추가합시다.

우리가 만들 템플릿 클래스 map은 템플릿 형식 인자로 key와 value로 정의할게요.

```cpp
template <typename key,typename value>
class map{    };
```

map 클래스 내부에도 list처럼 node 형식을 정의합시다. map 내부에 정의할 node형식의 멤버로는 key와 value로 구성된 pair형식의 멤버 필드 외에도 왼쪽 자식 노드와 오른쪽 자식 노드의 위치 정보를 갖고 있어야 할 것입니다. 그리고 구현의 편의를 위해 부모 노드의 위치 정보를 가진 멤버도 추가하기로 할게요. 이 외에도 map은 iterator를 통해 차례대로 접근할 수 있게 이전 노드와 이후 노드의 위치 정보도 갖도록 할게요.

```cpp
template <typename key,typename value>
class map
{
    struct node
    {
        pair<key,value> data;
        node *be,
        node *af;
        node *pa;
        node *lc;
        node *rc;
        node(pair<key,value> data)
        {
            this->data = data;
            be = af =pa = lc = rc = 0;
        }
    };
};
```

map에는 트리의 최상위 노드의 위치 정보를 갖는 멤버 필드가 필요합니다. 그리고 보관된 요소의 개수를 기억하기 위한 멤버 필드와 반복자에 의해 이전 이후 위치 정보로 차례대로 접근하기 위해서 맨 앞에 있는 노드와 맨 뒤에 있는 노드의 위치 정보를 기억하는 멤버 필드를 갖도록 합시다.

```
template <typename key,typename value>
class map
{
    node *head; //이중 연결 리스트의 맨 앞에 있는 노드의 위치 정보
    node *tail;  //이중 연결 리스트의 맨 뒤에 있는 노드의 위치 정보
    node *root; //이진 탐색 트리의 최 상위 노드(root)의 위치 정보
    int msize;
};
```

그리고 map에서도 iterator 형식을 정의해야겠지요. iterator 형식은 사용하는 개발자에 의해 사용할 수 있어야 하므로 노출 수준을 public으로 지정해야 합니다.

```
template <typename key,typename value>
class map
{
public:
    class iterator
    {
    };
};
```

map에서는 요소가 보관된 노드를 알아야 하고 map을 사용하는 개발자의 코드에서는 보관된 요소를 알 수 있어야 합니다. 이 두 가지 목적을 달성하기 위해 최소한 노드의 위치 정보를 알고 있어야 합니다. 이러한 이유로 node의 위치 정보를 알고 있는 멤버 필드를 캡슐화할게요.

```
class iterator
{
    node *now;
};
```

iterator 형식의 생성자 메서드는 특정 node의 위치 정보를 입력 인자로 받는 생성자가 필요할 것입니다. 그리고, map을 사용하는 개발자 코드에서는 iterator를 기본 형식처럼 사용할 수 있도록 복사 생성자를 제공합시다.

```cpp
class iterator
{
    public:
    iterator(node *_pos=0)
    {
        pos = _pos;
    }
    iterator(const iterator &in)
    {
        pos = in.pos;
    }
};
```

iterator는 map내에 요소를 보관된 노드의 위치 정보를 알아야 하므로 node *와 묵시적 형변환 연산자를 중복 정의할게요. 그리고 map을 사용하는 개발자 코드에서는 보관된 요소를 알아야 하므로 간접 연산자를 중복 정의하여 보관된 요소 형식을 반환하게 합시다.

```cpp
class iterator
{
    public:
    pair<key,value> &operator *() //간접 연산자 중복 정의- 보관된 요소를 반환
    {
        return (pos->data);
    }
    operator node *() //묵시적 형변환 연산자 중복 정의 – node *와 묵시적 형변환
    {
        return pos;
    }
};
```

map을 사용하는 개발자 코드에서는 iterator를 사용하여 비교 연산을 할 수 있도록 ==
연산자와 != 연산자를 중복 정의할게요.

```cpp
class iterator
{
    public:
    bool operator==(const iterator &in)
    {
        return pos == in.pos;
    }
    bool operator!=(const iterator &in)
    {
        return pos != in.pos;
    }
};
```

그리고 map을 사용하는 개발자 코드에서 반복자를 다음으로 이동시킬 때 ++ 연산자를
사용할 수 있게 합시다.

```cpp
class iterator
{
    public:
    iterator operator++()
    {
        pos=pos->af;
        return (*this);
    }
};
```

map의 생성자 메서드에서는 두 개의 더미 노드를 생성하여 head와 tail 대입하고 size를 0으로 초기화하는 것으로 하겠습니다. 그리고 root에는 0으로 초기화를 해야겠지요.

```
map()
{
    //더미 있는 이중 연결리스트 초기화 구문
    head = new node(make_pair<key,value>(0,0));
    tail = new node(make_pair<key,value>(0,0));
    head->af = tail;
    tail->be = head;

    msize = 0;

    //이진 탐색 트리 초기화 구문
    root = 0;
}
```

map의 소멸자 메서드에서는 map 내에서 생성한 모든 노드를 소멸해야 합니다. 내부적으로 자료가 보관된 모든 노드를 해제하여 초기 상태로 만드는 clear 메서드를 호출한 후에 head와 tail을 제거하면 되겠네요.

```
~map()
{
    clear(); //요소를 보관한 모든 노드 제거

    delete tail; //tail이 가리키는 더미 노드 소멸
    delete head; //head가 가리키는 더미 노드 소멸
}
```

clear메서드에서는 자료가 보관된 노드들을 erase 메서드를 호출하여 하나하나 제거하면 될 것입니다. 여기에서는 head가 가리키는 노드와 tail이 가리키는 노드는 더미 노드이므로 제거하지 않습니다.

```
void clear()
{
    //head가 가리키는 노드는 더미 노드이므로 head->af 부터 차례대로 제거함
    node *seek = head->af;
    while(seek != tail) //tail이 가리키는 노드는 더미 노드이므로 제거하지 않음
    {
        erase(seek);
        //이미 seek는 리스트에서 제거된 노드의 위치이므로 seek++하지 않았음
        seek = head->af;
    }
}
```

그리고 보관된 자료 개수를 반환하는 size 메서드도 제공하고 있습니다.

```
int size()
{
    return msize;
}
```

 보관된 자료들을 차례대로 순회하면서 원하는 작업을 할 수 있게 하려고 begin 메서드와 end 메서드도 제공하고 있지요.

```
iterator begin()
{
    iterator re(head->af);
    return re;
}
iterator end()
{
    iterator re(tail);
    return re;
}
```

자료를 보관하는 insert 메서드에 대해 구현해 봅시다. insert 메서드는 key와 value를 쌍으로 하는 pair를 입력 인자로 받습니다. 그리고 보관한 노드에 대한 iterator와 보관 여부를 쌍으로 하는 pair를 반환 값으로 구현합시다.

```
pair<iterator, bool> insert(pair<key,value> data)
{
    ...
}
```

insert 메서드에서는 이진 탐색 트리에서 key를 기준으로 보관할 위치인 부모 노드를 찾습니다. 만약, 찾은 노드의 key값과 입력 인자로 전달받은 key값이 같으면 이미 보관된 것이 있으므로 end()메서드가 반환하는 iterator와 false를 값으로 하는 pair를 반환하면 될 것입니다.

```
node * pa = find_seat(root,data.first);
if((pa != 0)&&(pa->data.first == data.first))
{
    return make_pair(end(),false);
}
```

같은 key값이 보관된 것이 없다는 사실을 확인했으면 입력한 data를 보관하는 노드를 생성해서 이진 탐색 트리에 매달면 되겠죠.

```
node *now = new node(data);
this->hangnode(pa,now,0);
```

그리고 연결 리스트에서도 보관할 위치를 찾아 매달아야 할 것입니다.

```
node *at = find_seat(data.first);
hangnode(at,now);
```

그리고 보관한 개수를 증가하고 data를 보관한 노드를 입력 인자로 iterator를 생성하고 정상적으로 보관했으므로 true를 값으로 하는 pair를 반환하면 됩니다.

```
msize++;
iterator here(now);
return make_pair(here,true);
```

insert 메서드에서 이진 탐색 트리에서 특정 key 값이 보관할 위치를 찾는 find_seat 메서드를 구현합시다. 해당 메서드에서는 만약, 특정 key값에 해당하는 노드가 있으면 해당 노드의 위치 정보를 반환합니다. 그렇지 않으면 부모 노드의 위치 정보를 반환하면 됩니다.

```
node *find_seat(node *sr,key k){    ...    }
```

만약, 첫 번째 입력 인자로 들어온 이진 탐색 트리(혹은 서브 이진 탐색 트리)의 root가 0 이면 해당 key 값이 보관된 노드도 없고 해당 key값을 보관하면 부모 노드도 없으므로 0 을 반환하면 되겠죠.

```
if(sr == 0)
{
    return sr;
}
```

그렇지 않으면 현재 서브 트리의 root의 키 값과 입력 인자로 들어온 키 값을 비교합니다. 만약, 같다면 해당 노드의 위치 정보를 반환합시다.

```
pair<key,value> data = sr->data;
if(data.first == k)
{
    return sr;
}
```

만약, 입력 인자로 전달된 키 값이 서브 트리의 root의 키 값보다 크다면 왼쪽 서브 트리에 보관되어야 합니다. 그리고 서브 트리의 왼쪽 자식이 없다면 서브 트리의 root가 부모 노드가 됩니다. 그렇지 않으면 서브 트리의 root의 왼쪽 서브 트리에서 다시 찾아야겠지요. 입력 인자로 전달된 키 값이 서브 트리의 root의 키 값보다 작을 경우는 역으로 생각하시면 되겠죠.

```
if(data.first < k)
{
    if(sr->lc) //왼쪽 서브 트리가 있을 때
    {
        return find_seat(sr->lc,k); //왼쪽 서브 트리에서 찾음
    }
    return sr; //sr이 부모가 될 노드의 위치 정보임
}
if(sr->rc) //오른쪽 서브 트리가 있을 때
{
    return find_seat(sr->rc,k); //오른쪽 서브 트리에서 찾음
}
return sr; //sr이 부모가 될 노드의 위치 정보임
```

insert 메서드에서는 노드를 이진 탐색 트리에 매다는 메서드와 연결 리스트에 매다는 메서드를 호출하고 있습니다. 두 가지 메서드 모두 매달 노드와 관련된 노드의 위치 정보를 인자로 받습니다. 여기에서는 이 둘을 구분하기 위해서 이진 탐색 트리에 매다는 메서드는 스텝 매개변수를 하나 더 두었습니다. 연결 리스트에 매다는 메서드는 앞서 더미 노드 있는 이중 연결 리스트 만들기에서 만든 것과 같습니다.

```
void hangnode(node *pa,node *now,int)//이진 탐색 트리에 매다는 메서드
void hangnode(node *at,node *now)//연결 리스트에 매다는 메서드

void hangnode(node *at,node *now)
{
    now->be = at->be;
    now->af = at;
    at->be->af = now;
    at->be = now;
}
```

이진 탐색 트리에 매다는 메서드를 구현해 봅시다.

```
void hangnode(node *pa,node *now,int);
```

만약, 부모 노드의 위치 정보가 0일 경우에는 새로 추가할 노드가 처음으로 보관하는 노드가 되므로 root가 됩니다.

```
if(pa==0) //pa가 0일 때는 처음으로 데이터를 보관할 때임
{
    root = now;
    return;
}
```

그렇지 않은 경은 경우에는 부모의 키 값과 새로 매달 노드의 키 값을 비교하여 부모 노드의 왼쪽에 매달 것인지 오른쪽에 매달 것인지 결정해야겠지요. 물론, 키 값 비교에 상관없이 새로 매달 노드의 부모는 입력 인자로 전달된 부모 노드가 되겠죠.

```
now->pa = pa;
key pa_key = pa->data.first;
key now_key = now->data.first;
```

```
if(pa_key < now_key) //부모의 키가 매달 노드의 키보다 작다면
{
    pa->lc = now; // 부모의 왼쪽 자식으로 매단다.
}
else //부모의 키가 매달 노드의 키보다 작지 않다면
{
    pa->rc = now; //부모의 오른쪽 자식으로 매단다.
}
```

map에서는 iterator를 인자로 받아 해당 위치의 노드를 제거하는 erase 메서드를 제공합니다. erase 메서드에서는 이진 탐색 트리에서 해당 노드의 링크를 끊는 것과 연결 리스트에서 링크를 끊은 후에 노드를 제거합니다. 주의할 것은 이진 탐색 트리에서 특정 반복자의 노드의 링크를 끊을 때 효과적으로 수행하기 위하여 원래 제거할 노드에 다른 노드의 값으로 교체 후에 다른 노드를 제거하고 있습니다. 이에 이진 탐색 트리에서 링크를 끊는 메서드를 호출하면서 실제 제거된 노드의 위치 정보를 반환받아야 합니다.

```
void erase(iterator at)
{
    //제거할 노드에 양쪽에 노드가 있을 때는 대체한 노드의 위치 정보를 얻어와야 함
    node *now =  dehangnode(at,0);
    dehangnode(now); //연결리스트에서 노드의 연결을 끊음
    delete now; //노드를 소멸함
    msize--;
}
```

또한, map에서는 key값을 입력 인자로 전달받아 해당 key값이 보관된 위치를 찾아 제거하는 erase 메서드도 제공하고 있습니다. 여기에서는 입력 인자로 전달받은 key값이 보관된 위치를 찾아서 존재하면 해당 노드를 제거하면 되겠죠.

```
void erase(key k)
{
    iterator it = find(k);
    if(it != end())//k를 보관한 노드를 찾았을 때
    {
        erase(it);
    }
}
```

erase 메서드에서 노드를 제거하기 위해서는 이진 탐색 트리에서도 연결을 끊고 연결 리스트에서도 연결을 끊어야 합니다. 두 개의 메서드 모두 입력 인자로 끊을 노드의 위치 정보를 주는데 이를 구분하기 위해 이진 탐색 트리에서 노드의 연결을 끊는 메서드에는 스텁 매개변수를 하나 두었습니다.

```
node *dehangnode(node *now,int)//이진 탐색 트리에서 연결을 끊는 메서드
void dehangnode(node *at)//연결 리스트에서 연결을 끊는 메서드
```

연결 리스트에서 노드의 연결을 끊는 메서드는 이중 연결 리스트 만들기에서 구현한 것과 같습니다.

```
void dehangnode(node *at)
{
    at->be->af = at->af;
    at->af->be = at->be;
}
```

이진 탐색 트리에서 연결을 끊는 메서드를 구현해 봅시다.

```
node *dehangnode(node *now,int);
```

만약, 연결을 끊을 노드가 양쪽에 자식이 있으면 어떻게 해야 할까요? 이 경우에 서브 트리에 있는 자식 중에 자신을 대체할 노드를 찾아 대체할 노드를 끊으면 좀 더 효과적입니다. 대체할 노드는 양쪽 서브 트리중에서 한쪽에서 찾으면 됩니다. 왼쪽 서브 트리에서 찾을 때에는 제일 큰 값을 가진 노드를 찾으면 됩니다. 오른쪽 서브 트리에서는 제일 작은 값을 가진 노드를 찾으면 되겠죠. 물론, 대체할 노드의 데이터를 원래의 노드에 보관하여 대체할 노드에 있던 데이터가 사라지지 않게 해야됩니다.

```
if(now->lc && now->rc) //삭제할 노드의 양쪽 자식이 있을 때
{
    //자신을 대체할 노드를 찾아 데이터를 대체하고 대체할 노드를 반환받음
    now = change(now);
}
```

먼저 연결을 끊는 dehangnode 메서드를 구현합시다. 연결을 끊을 노드가 이진 탐색 트리에서 연결을 끊기 전에 부모 노드와 자식 노드들의 링크를 조절해 줍니다.

먼저, 연결을 끊을 노드의 부모 노드와 자식 노드를 변수에 대입하기로 합시다.

```
node *pa = now->pa; //삭제할 노드의 부모 노드를 pa에 대입
node *ch = 0;
//삭제할 노드의 자식 노드를 ch에 대입
(ch = now->lc)||(ch = now->rc);
```

부모가 있으면 자신이 있던 위치에 자식 노드를 매달게 합니다. 만약, 부모가 없다면 자식이 root가 되겠죠.

```
if(pa) // 부모 노드가 있을 때
{
    if(pa->lc == now) //삭제할 노드가 부모의 왼쪽 자식 노드일 때
    {
        pa->lc = ch; //부모의 왼쪽 자식으로 삭제할 노드의 자식을 대입
    }
    else//삭제할 노드가 부모의 오른쪽 자식 노드일 때
    {
        pa->rc = ch; //부모의 오른쪽 자식으로 삭제할 노드의 자식을 대입
    }
}
else//부모가 없을 때
{
    root = ch; //자식이 root 노드가 됨
}
```

만약, 자식이 있다면 자식의 부모에는 연결을 끊는 노드의 부모를 가리키게 해야겠지요.

```
if(ch) // 자식이 있을 때
{
    ch->pa = pa; //자식의 부모로 삭제할 노드의 부모를 대입
}
```

그리고 map에서는 이진 탐색 트리뿐만 아니라 연결 리스트에서도 노드의 연결을 끊어야 하므로 바뀐 노드의 위치를 반환해야 합니다.

```
//입력 인자로 전달받은 노드가 자식이 양쪽에 있을 때는 대체할 노드를 끊었으므로
//대체한 노드의 위치 정보를 반환해야 함
return now;
```

key값을 입력 인자로 전달받아 보관된 위치를 찾아주는 find 메서드를 구현해 봅시다. 빠른 탐색을 위해 key값을 기준으로 이진 탐색 트리에서 찾게 구현하고 만약 존재하지 않으면 end 메서드를 호출하여 위치를 반환하면 될 것입니다.

이번에는 연결을 끊을 노드가 자식을 양쪽에 있을 때 자신을 대체할 노드를 찾는 메서드를 구현해 봅시다. 여기에서는 왼쪽 서브 트리에서 찾는 것으로 할게요. 왼쪽 서브 트리에서는 연결을 끊을 노드의 데이터보다 작은 키 값을 갖는 노드들로 구성되어 있습니다. 따라서 가장 큰 값을 갖는 노드를 찾으면 되겠죠. 이는 왼쪽 서브 트리의 루트에서부터 오른쪽 자식이 없는 노드를 찾아가면 될 것입니다. 물론, 대체할 노드의 데이터를 연결을 끊을 노드에 대입하는 것을 잊지 말아야겠지요.

```
node *change(node *now)
{
    node *other = now->lc; //대체할 노드를 삭제할 노드의 왼쪽 서브트리에서 찾기
    while(other->rc) //오른쪽 자식이 있다면
    {
        other = other->rc; //오른쪽 자식으로 변경
    }
    now->data = other->data; //대체할 노드의 데이터를 now의 데이터로 변경
    return other; //대체할 노드의 위치 정보를 반환
}
```

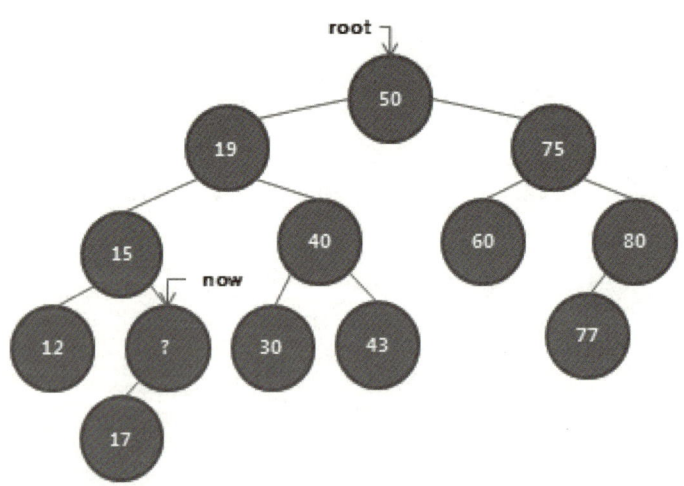

[그림 32] 대체할 노드

map에서는 insert 메서드를 사용하지 않고도 [ ]연산자를 통해 보관된 자료의 value를 참조할 수 있습니다. 주의할 것은 만약 키값이 없으면 입력한 키 값과 value가 0인 pair를 보관한다는 것입니다.

value &operator[](key k)

먼저, 입력된 key값이 있는 위치를 찾아야 할 것입니다. 만약, 같은 키값이 있는 위치를 찾았으면 value를 반환해 주면 되겠죠.

```
iterator it = find(k);
if((*it).first == k)
{
    return (*it).second;
}
```

만약, 없다면 입력 인자로 전달된 키값과 value가 0인 pair를 보관하여 해당 위치를 반환하면 됩니다.

```
pair<iterator,bool>re = insert(make_pair<key,value>(k,0));
it = re.first;
return (*it).second;
```

```cpp
//EHMap.h
#ifndef __MYMAP_H
#define __MYMAP_H
#pragma warning(disable:4346)
#pragma warning(disable:4996)

namespace ehlib
{
    template <typename key,typename value>
    struct pair
    {
        key first; //보관할 요소의 키
        value second; //보관할 요소의 값
        pair()
        {
        }
        pair(key k,value v)
        {
            first = k;
            second = v;
        }
    };

    template <typename key,typename value>
    pair<key,value> make_pair(key k,value v)
    {
        pair<key,value> re(k,v);
        return re;
    }
```

```cpp
template <typename key,typename value>
class map
{
    struct node
    {
        pair<key,value> data;
        node *be; //이전 노드를 가리키는 링크
        node *af;  //다음 노드를 가리키는 링크
        node *pa; //부모 노드를 가리키는 링크
        node *lc; //왼쪽 자식 노드를 가리키는 링크
        node *rc; //오른쪽 자식 노드를 가리키는 링크
        node(pair<key,value> data)
        {
            this->data = data;
            be = 0;
            af = 0;
            pa = 0;
            lc = 0;
            rc = 0;
        }
    };

    node *head; //연결리스트의 맨 앞에 있는 노드 위치 정보
    node *tail; //연결리스트의 맨 뒤에 있는 노드 위치 정보
    node *root; //이진 탐색 트리의 최상위 노드 위치 정보
    int msize; //보관된 요소 개수
public:
```

```cpp
class iterator
{
    node *pos;
    public:
    iterator(node *_pos=0)
    {
        pos = _pos;
    }
    pair<key,value> &operator *()//간접 연산자 중복 정의
    {
        return (pos->data); //노드에 보관된 요소를 반환
    }
    operator node *()//묵시적 형변환 연산자 중복 정의
    {
        return pos; //node *반환
    }
    iterator operator++()
    {
        pos=pos->af;
        return (*this);
    }
    bool operator==(const iterator &in)
    {
        return pos == in.pos;
    }
    bool operator!=(const iterator &in)
    {
        return pos != in.pos;
    }
};
```

```
map()
{
    head = new node(make_pair<key,value>(0,0));
    tail = new node(make_pair<key,value>(0,0));
    head->af = tail;
    tail->be = head;
    msize = 0;
    root = 0; //이진 탐색 트리의 초기화
}
~map()
{
    clear();//요소가 보관된 모든 노드를 제거함
    delete tail; //tail이 가리키는 더미 노드 소멸
    delete head; //head가 가리키는 더미 노드 소멸
}
void clear()
{
    node *seek = head->af; //head는 더미 노드이므로 clear 대상이 아님
    while(seek != tail) //tail은 더미 노드이므로 clear 대상이 아님
    {
        erase(seek);
        seek = head->af;
    }
}
int size(){    return msize;    }
iterator begin()
{
    iterator re(head->af);
    return re;
}
```

```
iterator end()
{
    iterator re(tail);
    return re;
}
pair<iterator, bool> insert(pair<key,value> data)
{
    node * pa = find_seat(root,data.first); //요소가 보관될 노드이 부모 노드 찾기
    if((pa != 0)&&(pa->data.first == data.first)) //이미 보관된 요소일 때
    {
        return make_pair(end(),false); //보관 실패를 반환
    }

    node *now = new node(data); //요소를 보관한 노드 생성
    this->hangnode(pa,now,0); //이진 탐색 트리에 매단다.

    node *at = find_seat(data.first); //연결리스트에서 보관할 위치 찾기
    hangnode(at,now); //연결리스트에 매단다

    msize++; //보관한 요소 개수 1 증가
    iterator here(now);
    return make_pair(here,true); //보관 성공을 반환
}
void erase(key k)
{
    iterator it = find(k); //보관된 위치를 찾음
    if(it != end())//찾았을 때
    {
        erase(it); //노드를 제거함
    }
}
```

```
        void erase(iterator at)
        {
            node *now =  dehangnode(at,0); //이진 탐색 트리에서 연결을 끊음
            dehangnode(now); //연결리스트에서 연결을 끊음
            delete now; //노드를 소멸
            msize--; //보관된 요소 개수를 1 감소
        }
        iterator find(key k)
        {
            node *pos = find_seat(root,k); //이진 탐색 트리에서 k가 보관된 노드를 찾음
            if(pos && (pos->data.first == k)) //찾았을 때
            {
                iterator it(pos);
                return it; //찾은 위치를 반환
            }
            return end();// 못 찾았을 때 end() 반환
        }
        value &operator[](key k)
        {
            iterator it = find(k); //이진 탐색 트리에서 k가 보관된 위치 찾음
            if((*it).first == k) //찾았을 때
            {
                return (*it).second; //찾은 위치에 보관된 요소의 값을 반환
            }
            //못 찾았을 때 pair<key,0>를 보관
            pair<iterator,bool>re = insert(make_pair<key,value>(k,0));
            it = re.first;
            return (*it).second;
        }
    private:
```

```
//k가 보관된 노드 혹은 k가 보관될 부모 노드 위치 정보를 찾는 메서드
node *find_seat(node *sr,key k)
{
    if(sr == 0) //sr이 없을 때(아무 요소도 보관되지 않았을 때임)
    {
        return sr;
    }


    pair<key,value> data = sr->data;
    if(data.first == k) //sr에 보관된 요소의 키와 k가 같을 때
    {
        return sr; //sr반환(요소가 보관된 노드의 위치 정보 반환)
    }

    if(data.first < k) //sr에 보관된 요소의 키가 k보다 작을 때
    {
        if(sr->lc) //sr의 왼쪽 서브 트리가 있다면
        {
            return find_seat(sr->lc,k); //sr의 왼쪽 서브 트리에서 찾음
        }
        return sr; //sr을 반환
    }

    //sr에 보관된 요소의 키가 k보다 클 때
    if(sr->rc) //sr의 오른쪽 서브 트리가 있다면
    {
        return find_seat(sr->rc,k); //sr의 오른쪽 서브 트리에서 찾음
    }
    return sr;

}
```

```
void hangnode(node *pa,node *now,int) //now를 pa의 자식으로 매달기
{
    if(pa==0) //부모가 될 노드가 없을 때, 처음으로 노드를 매달 때임
    {
        root = now; // now가 root임
        return;
    }
    now->pa = pa;
    key pa_key = pa->data.first;
    key now_key = now->data.first;
    if(pa_key < now_key) //부모의 키가 자식의 키보다 작을 때
    {
        pa->lc = now; //부모의 왼쪽 자식으로 now를 대입
    }
    else//부모의 키가 자식의 키보다 클 때(같은 것은 필터링 되었음)
    {
        pa->rc = now; //부모의 오른쪽 자식으로 now를 대입
    }
}
node *find_seat(key k) //연결리스트에서 k값이 보관된 위치 찾는 메서드
{
    node *seek = head->af; //head는 더미 노드이므로 head-af부터 찾음
    for( ;seek != tail;seek=seek->af)
    {
        if(seek->data.first > k) //현재 위치의 키가 k보다 크다면
        {
            break; //위치를 찾았으므로 루프 탈출
        }
    }
    return seek; //찾은 위치 반환
}
```

```cpp
    void hangnode(node *at,node *now) //now를 at앞에 매달기
    {
        now->be = at->be;
        now->af = at;
        at->be->af = now;
        at->be = now;
    }
    void dehangnode(node *at) //at이 가리키는 노드 연결 끊기
    {
        at->be->af = at->af;
        at->af->be = at->be;
    }


    //이진 탐색 트리에서 now가 가리키는 노드 연결 끊는 메서드
    node *dehangnode(node *now,int)
    {
        if(now->lc && now->rc) //now가 양쪽 자식이 있을 때
        {
            now = change(now); // 대체할 노드를 찾기
        }


        node *pa = now->pa;
        node *ch = 0;
        (ch = now->lc)||(ch = now->rc); //now의 자식을 ch에 대입

        if(pa) //부모가 있을 때
        {
            if(pa->lc == now) //now가 부모의 왼쪽 자식일 때
            {
                pa->lc = ch; //부모의 왼쪽 자식으로 자식의 위치 정보 대입
            }
```

```
            else //now가 부모의 오른쪽 자식일 때
            {
                pa->rc = ch; //부모의 오른쪽 자식으로 자식의 위치 정보 대입
            }
        }
        else// 부모가 없을 때, now가 root일 때임
        {
            root = ch; //자식이 root가 됨
        }
        if(ch) //자식이 없을 때
        {
            ch->pa = pa; //자식의 부모를 삭제할 now의 부모를 대입
        }
        return now;
    }
    //now의 자식이 양쪽에 있을 때 대체할 노드를 찾는 메서드
    //대체할 노드의 요소를 now의 요소로 대입한 후 대체할 노드를 반환함
    node *change(node *now)
    {
        node *other = now->lc; //왼쪽 서브트리에서 찾기(제일 큰 값 찾기)

        while(other->rc) //오른쪽 자식이 있을 때(더 큰 값이 있음)
        {
            other = other->rc; //오른쪽 자식으로 변경
        }
        now->data = other->data; //대체할 노드의 요소를 now에 보관
        return other; //대체할 노드를 반환
    }
    };
}
#endif
```

06

프로그래밍
설계

6. 프로그래밍 - 설계

이번 장에서는 앞에서 소개한 여러 자료구조를 사용하는 프로그램을 만들어 보기로 합시다.

6.1 시나리오

주제: EH World

EH World는 콘솔에서 동작하는 응용 프로그램입니다. 프로그램은 크게 실행, 해제화 과정으로 수행됩니다.

실행에서는 메뉴 선택한 후에 선택한 메뉴 실행을 반복합니다. 단, 종료 키를 눌렀을 때에는 실행 과정은 종료됩니다. 실행 과정에서 선택할 수 있는 메뉴에는 그룹 추가, 멤버 추가, 멤버 삭제, 멤버 검색, 특정 그룹 정보 보기, 전체 그룹 정보 보기, 전체 멤버 보기가 있습니다. 해제 과정에서는 모든 개체를 소멸하는 작업을 수행합니다.

6.1.1 그룹 추가

그룹 추가 기능에서는 생성된 모든 그룹의 이름을 보여주고 생성할 그룹의 일련번호(1부터 차례대로 부여)가 부여되며 사용자로부터 그룹 이름을 입력받아 그룹을 생성합니다. EH World에서 그룹은 연결리스트에 차례대로 보관됩니다. 단, 그룹 이름이 같은 그룹은 생성되지 않습니다.

6.1.2 멤버 추가

멤버 추가 기능에서는 멤버의 아이디를 입력받고 멤버가 속할 그룹을 선택한 후에 멤버 이름을 사용자로부터 입력받아 그룹 내의 멤버 번호(그룹 번호 * 100 + 그룹 내 일련번호)를 생성 인자로 전달되어 멤버가 생성합니다. 생성한 멤버는 소속 그룹에 보관되며 동시에 EH World에도 보관됩니다. 그룹은 멤버를 vector에 인덱스 연산을 통해 보관합니다.(하나의 그룹은 최대 99명의 멤버가 있을 수 있습니다.) 그리고 EH World에서는 map을 이용하여 멤버를 추가합니다. 이 때 Key는 아이디이며 Value는 멤버 위치 정보입니다.

6.1.3. 멤버 검색

 멤버 검색에서는 검색 메뉴 선택, 선택한 메뉴 실행을 반복합니다. 단, 종료 키를 눌렀을 때에는 멤버 검색 기능을 종료합니다. 검색 메뉴에는 아이디로 멤버 검색과 특정 그룹 내의 멤버 검색이 있습니다. 아이디로 검색하면 EH World 내에 멤버가 보관된 map에 인덱스 연산을 이용해 검색합니다. 특정 그룹 내의 멤버 검색 기능에서는 그룹을 선택한 후에 그룹 내 일련번호를 입력하면 그룹 내의 vector에서 인덱스 연산을 통해 검색됩니다.

6.1.4. 특정 그룹 정보 보기

 특정 그룹 정보 보기를 선택하면 모든 그룹명을 보여주고 원하는 그룹을 사용자가 선택하면 해당 그룹의 이름과 그룹의 일련번호 및 그룹 내에 보관된 모든 멤버의 정보를 보여줍니다.

6.1.5. 전체 그룹 정보 보기

 전체 그룹 정보 보기를 선택하면 그룹의 일련번호 순으로 모든 그룹의 정보를 보여줍니다. 이 경우에 그룹정보는 그룹의 이름과 그룹의 일련번호 및 그룹 내에 보관된 모든 멤버의 정보를 말합니다.

6.1.6 전체 멤버 보기

 전체 멤버 보기 기능을 선택하면 아이디 순으로 모든 멤버의 정보를 보여줍니다.

6.2 설계

 이 책에서는 위의 시나리오를 기반으로 설계 단계와 구현 단계로 나누어 프로그램을 작성해 보기로 하겠습니다. 이 책의 시나리오에서는 어떠한 개체를 어떠한 자료구조를 이용하여 보관할 것인지도 정해져 있지만, 실제 시나리오에서는 이와 같은 사항이 포함되어 있지 않을 확률이 더 높습니다. 이러한 것들은 요구 분석이나 혹은 설계 과정에서 결정하는 경우가 많지만, 여기에서는 편의상 시나리오에 명시하였습니다. 그리고 규모가 있는 프로그램이라면 설계 과정을 추상적인 설계(아키텍처)단계와 구체적인 설계로 나누어 작업을 수행할 수도 있지만 여기서 작성할 예제 시나리오는 요구 분석이나 아키텍처 단계를 설명하는 것은 범위를 벗어나는 것 같아 설계 및 구현 두 단계만 하겠습니다.

 설계 단계에서는 이 프로그램에 관리할 데이터에 대한 추상화와 관계를 클래스 다이어그램으로 표현하는 것과 각 기능에 따라 어떠한 시퀀스로 진행해야 할지를 시퀀스 다이어그램으로 표현하겠습니다.

 구현 단계에서는 설계한 사항을 바탕으로 클래스 단위로 구현해 보기로 하겠습니다.

6.2.1 클래스 다이어그램

 EH World 시나리오를 분석해 보면 관리해야 할 대상은 EH World, 그룹, 멤버 정도로 생각할 수 있을 것입니다. 여기에서는 사용자와 상호 작용을 하는 App을 추가할게요. 여러분께서는 굳이 App 클래스를 정의할 필요가 있는지에 대한 의구심이 들 수 있습니다. 여기에서 App를 둔 이유는 현재 시나리오에서는 콘솔 응용으로 작성하고 있지만, 이후에 Windows 응용으로 변경될 수도 있다는 것을 고려하여 사용자와 상호 작용을 담당하는 부분은 분리하여 좀 더 유연하게 설계하려는 것입니다. 실제 프로그래밍을 하다 보면 이해 관계자의 요구 사항이 자주 바뀌는 경우가 많이 생기는데 클래스 간의 관계를 강하게 결합하여 있으면 수정하는데 큰 비용이 발생할 수 있습니다. 여러분께서는 설계에 대한 별도의 학습을 진행하시기 바랍니다.

여기에서 사용자와 상호 작용을 App에서 담당할게요. EH World는 EHWorld로 정의할게요. 그룹은 EHGroup, 멤버는 EHMember라고 하겠습니다. EHWorld는 회원과 멤버로 구성되겠죠. 또한, EHGroup은 EHMember로 구성하면 될 것입니다.

 App은 사용자와 상호 작용을 통해 사용자에게 정보를 보여주거나 사용자의 명령을 입력받는 작업을 수행합니다. EHWorld에서는 그룹을 list로 관리하고 멤버를 map에 관리하며 그룹에서는 멤버를 vector로 관리합시다. [그림 32]는 EH World 프로그램의 클래스 다이어그램입니다.

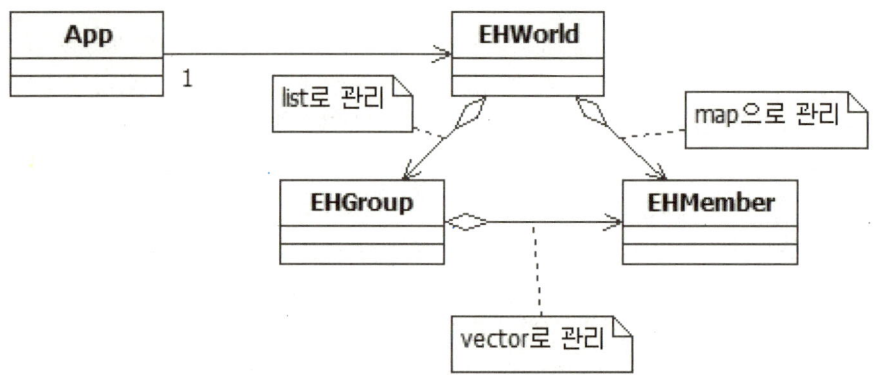

[그림32] EH World 클래스 다이어그램

이제 프로젝트에 클래스를 추가해 봅시다. 먼저, 진입점 main을 작성할 program.cpp 소스 파일을 추가합시다. 그리고 앞에서 계속 사용했던 ehglobal.h 파일과 ehglobal.cpp를 추가하세요. 그리고 EHWorld 프로젝트에 정의할 App, EHWorld, EHGroup, EHMember 클래스를 추가합니다.

- ▲ 📷 EHWorld
  - 📁 리소스 파일
  - ▲ 📂 소스 파일
    - C++ App.cpp
    - C++ EHGlobal.cpp
    - C++ EHGroup.cpp
    - C++ EHMember.cpp
    - C++ EHWorld.cpp
    - C++ program.cpp
  - ▷ 📂 외부 종속성
  - ▲ 📂 헤더 파일
    - h App.h
    - h EHGlobal.h
    - h EHGroup.h
    - h EHMember.h
    - h EHWorld.h

[그림 33] 항목 추가

그리고 클래스 관계에 따라 필요한 헤더를 포함하는 구문과 사용할 STL 컬렉션을 추가합시다. EHMember 헤더 파일에는 공통적인 라이브러리인 EHGlobal.h 파일을 포함하면 되겠죠.

```
#pragma once
#include "EHGlobal.h"
class EHMember
{
public:
    EHMember(void);
    ~EHMember(void);
};
```

EHGroup 헤더 파일에는 EHMember.h 파일을 포함하고 멤버를 vector에 보관할 것이므로 vector 파일도 포함해야 합니다. 그리고 vector를 사용하기 위해 using 구문을 작성하시고 사용하기 쉽게 typedef 구문을 이용하여 MemeberVector와 MVIter 타입명을 정의할게요.

```
#pragma once
#include "EHMember.h"
#include <vector>
using std::vector;

//멤버의 위치 정보를 보관하는 vector를 MemberVector이름으로 typedef
typedef vector<EHMember *> MemberVector;
//멤버의 위치 정보를 보관하는 vector의 반복자를 MVIter이름으로 typedef
typedef vector<EHMember *>::iterator MVIter;

class EHGroup
{
public:
    EHGroup(void);
    ~EHGroup(void);
};
```

EHWorld 헤더 파일에는 EHGroup.h 파일과 EHMember.h 파일을 포함합니다. 그리고 멤버와 그룹을 보관하기 위해 map 파일과 list 파일을 포함하고 using 구문을 작성하세요. 또한, 사용하기 쉽게 typedef 구문을 이용하여 MemberMap, MMIter, GroupList, GLIer 타입명을 정의할게요.

```cpp
#pragma once
#include "EHGroup.h"
#include "EHMember.h"
#include <map>
using std::map;
#include <list>
using std::list;

//멤버 id와 멤버 위치 정보를 pair로 하는 map을 MemberMap이름으로 typedef
typedef map<string,EHMember *> MemberMap;
//멤버 id와 멤버 위치 정보를 pair로 하는 map의 반복자를 MMIter이름으로 typedef
typedef map<string,EHMember *>::iterator MMIter;

//그룹의 위치 정보를 보관하는 list를 GroupList이름으로 typedef
typedef list<EHGroup *> GroupList;
//그룹의 위치 정보를 보관하는 list의 반복자를 GLIter이름으로 typedef
typedef list<EHGroup *>::iterator GLIter;

class EHWorld
{
public:
    EHWorld(void);
    ~EHWorld(void);
};
```

App 헤더 파일에는 EHWorld.h 파일을 포함하면 되겠죠.

```
#include "EHWorld.h"
class App
{
public:
    App(void);
    ~App(void);
};
```

진입점이 있는 program.cpp 파일에는 EHApp.h 를 추가하세요.

```
#include "App.h"
void main()
{
}
```

6.2.2 시퀀스 다이어그램

여기에서는 실행 과정에서 선택하여 수행되는 기능들에 대해서 시퀀스를 정의해 보기로 할게요. 여기에서 시퀀스 다이어그램은 개체 내부에서 호출되는 작업에 대해서는 생략하도록 하겠습니다.

- 그룹 추가

그룹 추가에서는 먼저 최종 사용자에게 현재 보관된 모든 그룹이름을 보여줍시다. 그리고 최종 사용자에게 생성할 그룹의 이름을 입력하라고 요청합니다. 최종 사용자가 그룹 이름을 입력하면 App에서는 EHWorld에게 그룹을 생성해 달라고 요청합니다. EHWorld에서는 전달된 이름의 그룹이 있는지 확인합니다. 없다면 새로 그룹을 생성하여 보관한 후에 App에 성공하였음을 반환하고 있다면 그룹 개체를 생성하지 않으며 실패했음을 반환합니다. App에서는 마지막으로 최종 사용자에게 그룹 생성 여부를 보여주면 되겠죠.

그런데 그룹의 정보는 EHWorld가 관리하고 있는데 화면에 출력하는 것은 App이 할 일입니다. 이를 위해 간단한 콜백을 정의하여 사용하려고 합니다. 먼저, 그룹에 대해 어떤 작업을 할 수 있는 함수 개체를 추상 클래스(IDoEHGroup)로 정의합시다. 그리고 이를 기반으로 그룹 이름을 출력하는 클래스(EHViewGroupName)를 정의합니다. 이제는 App 개

체는 EHWorld 개체에 그룹 이름을 출력하는 EHViewGroupName 형식의 함수 개체를 입
력 인자로 전달하여 보관하고 있는 모든 그룹의 이름을 출력하게 하면 되겠죠.

```
//IDoEHGroup.h
#pragma once
#include "EHGroup.h"
//그룹의 위치 정보를 인자로 받는 함수 개체의 추상화
struct IDoEHGroup
{
    virtual void operator()(EHGroup *ehgroup)=0;
};
```

```
//EHViewGroupName.h
#pragma once
#include "IDoEHGroup.h"
class EHViewGroupName : // 그룹의 위치 정보를 인자로 받는 함수 개체의 구체화
    public IDoEHGroup
{
public:
    virtual void operator()(EHGroup *ehgroup);
};
```

새로운 클래스가 필요하여 추가하였다면 클래스 다이어그램도 변경 혹은 추가하세요.

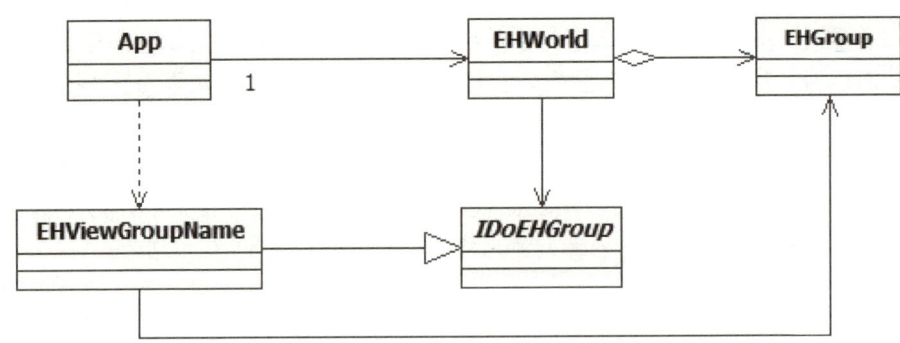

[그림 34] 그룹 이름 보기 CallBack 클래스 다이어그램

그룹 추가는 전체 그룹의 이름을 보는 부분과 최종 사용자로부터 그룹 이름을 입력받아 그룹을 생성하는 부분으로 나눌 수 있겠죠. 전체 그룹의 이름을 보는 부분은 별도의 시퀀스 다이어그램으로 작성할게요.

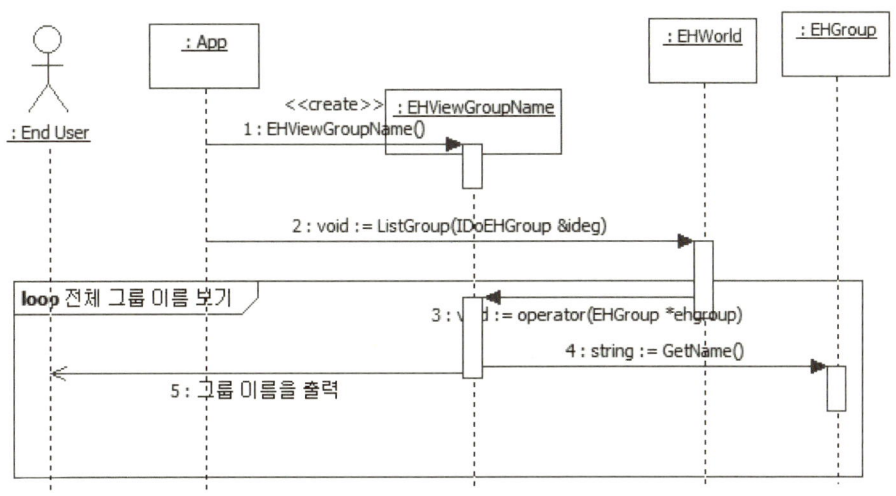

[그림 35] 전체 그룹 이름 보기 시퀀스 다이어그램

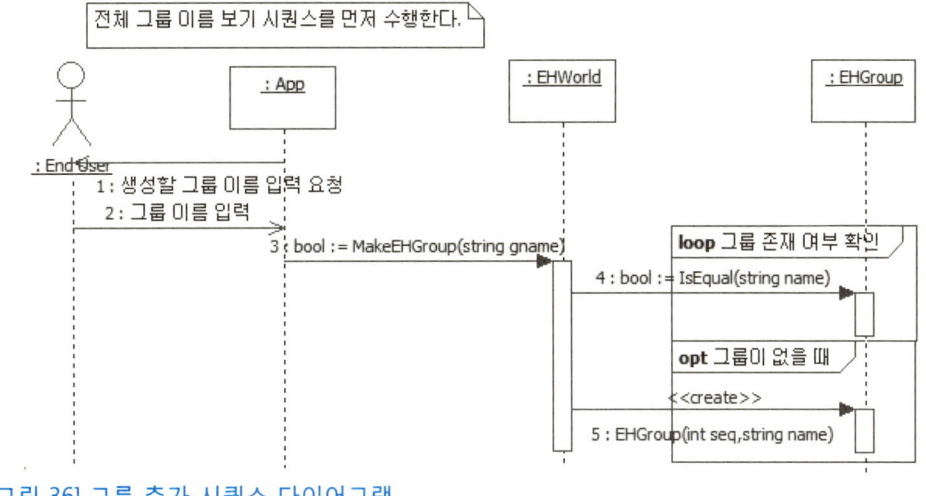

[그림 36] 그룹 추가 시퀀스 다이어그램

- 멤버 추가

멤버 추가 기능에서는 멤버의 아이디를 입력받고 이미 존재하는지를 확인합니다. id가 존재하지 않으면 멤버의 이름을 입력받고 해당 그룹에 멤버를 추가하면 될 것입니다. 이를 위해 App에서는 최종 사용자로부터 아이디를 입력받고 이를 EHWorld에게 전달하여 멤버가 존재하는지 확인합니다. 그리고 App는 멤버 이름과 그룹 이름을 최종 사용자로부터 입력받고 이를 EHWorld에게 전달합니다. EHWorld에서는 입력받은 그룹 이름을 갖진 EHGroup 개체를 찾습니다. 만약, EHGroup 개체를 찾았으면 일련번호와 아이디 이름을 입력 인자로 EHMember 개체를 생성하면 되겠죠.

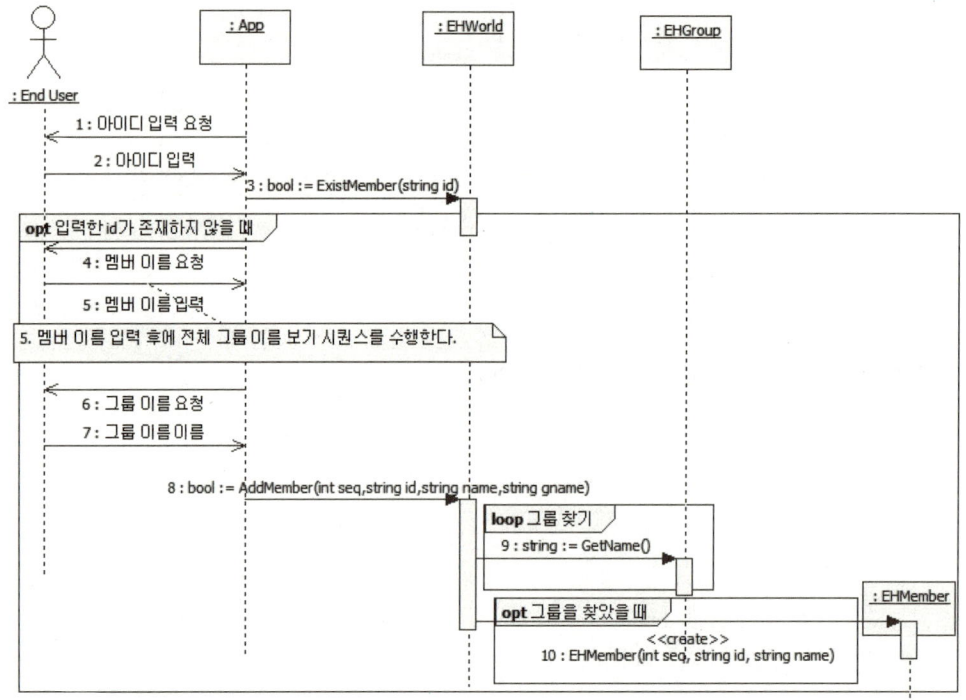

[그림 37] 멤버 추가 시퀀스 다이어그램

- 멤버 검색

멤버 검색 기능에서는 검색 메뉴 선택, 선택한 메뉴 실행을 반복합니다. 단, 종료 키를 눌렀을 때에는 멤버 검색 기능을 종료합니다. 검색 메뉴에는 아이디로 멤버 검색과 그룹에서 멤버 검색이 있습니다. 아이디로 검색하면 EH World 내에 멤버가 보관된 map에 인덱스 연산을 통해 검색해 줍니다. 특정 그룹 내의 멤버 검색 기능에서는 그룹을 선택한 후에 그룹 내 일련번호를 입력하면 그룹 내의 멤버가 보관된 vector에서 인덱스 연산을 통해 검색됩니다.

아이디로 멤버 검색에서는 App가 최종 사용자로부터 검색할 id를 입력받아 EHWorld에게 EHMember를 검색하라고 요청합니다. App에서는 반환받은 EHMember 개체에 일련번호, 아이디, 이름을 얻어와서 최종 사용자에게 보여주면 될 것입니다.

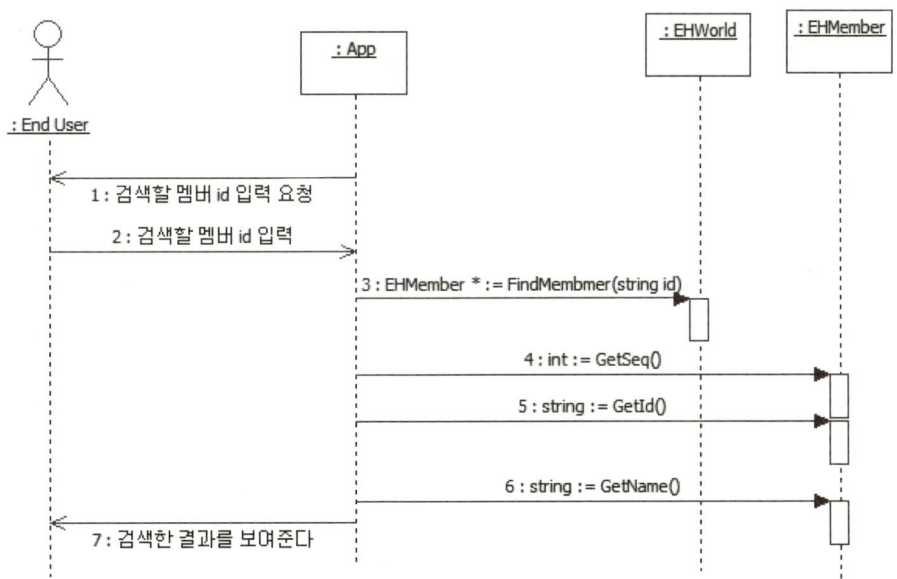

[그림 38] 아이디로 멤버 검색 시퀀스 다이어그램

그룹에서 검색은 App가 최종 사용자에게 그룹 이름을 요청합니다. App는 EHWorld에게 존재하는 그룹인지 확인합니다. 그룹이 존재한다면 App는 최종 사용자에게 검색할 멤버 id를 입력받습니다. App는 EHWorld에게 입력받은 그룹 이름과 멤버 id를 입력 인자로 전달하여 EHMember 개체를 검색 요청합니다. EHWorld에서는 전달받은 그룹 이름을 가진 EHGroup 개체를 찾습니다. EHWorld에서는 찾은 EHGroup에 전달받은 id를 가진 멤버를 찾아달라고 요청합니다. EHWorld는 EHGroup 개체가 찾아 준 EHMember 개체를 반환합니다. 그리고 App 개체는 반환받은 EHMember 개체의 정보를 얻어와 최종 사용자에게 보여주면 되겠죠.

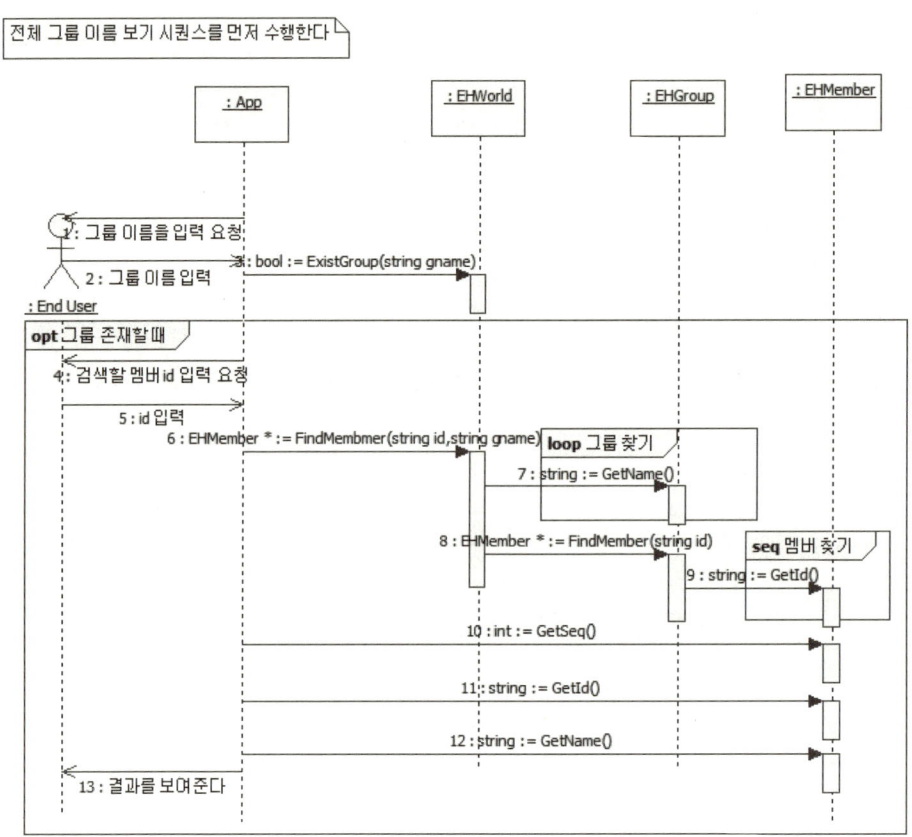

그림39. 그룹에서 멤버 검색 시퀀스 다이어그램

- 특정 그룹 정보 보기

 특정 그룹 정보 보기에서는 먼저 최종 사용자에게 현재 보관된 모든 그룹 이름을 보여줍시다. 그리고 최종 사용자에게 이름을 입력하라고 요청합니다. 최종 사용자가 그룹 이름을 입력하면 App에서는 EHWorld에게 그룹이 존재하는지 확인합니다. 존재한다면 EHWorld에게 그룹의 정보를 보여 달라고 요청합니다.

 여기서도 그룹 내에 있는 멤버들의 정보를 출력해야 하는데 화면에 출력하는 것은 App의 일입니다. 이를 위해 그룹 추가과 마찬가지로 간단한 콜백을 정의합니다. 먼저, 멤버에 대해 어떠한 작업을 할 수 있는 함수 개체를 추상 클래스(IDoEHMember)로 정의합시다. 그리고 이를 기반으로 멤버 정보를 출력하는 클래스(EHViewMember)를 정의합니다. 이제는 App 개체는 EHWorld 개체에 EHViewMember 형식의 함수 개체와 그룹 이름을 인자로 전달합니다. EHWorld에서는 EHGroup 개체를 찾아 전달받은 EHViewMember 개체를 다시 전달해 줍니다. EHGroup 개체에서는 자신이 보관하고 있는 모든 멤버의 정보를 출력하면 되겠죠.

```cpp
//IDoEHMember.h
#pragma once
#include "EHMember.h"
// 멤버의 위치 정보를 인자로 받는 함수 개체의 추상화
struct IDoEHMember
{
    virtual void operator()(EHMember *ehmember)=0;
};
```

```cpp
//EHViewMember.h
#pragma once
#include "IDoEHMember.h"
class EHViewMember: // 멤버의 위치 정보를 인자로 받는 함수 개체의 구체화
    public IDoEHMember
{
public:
    virtual void operator()(EHMember *ehmember);
};
```

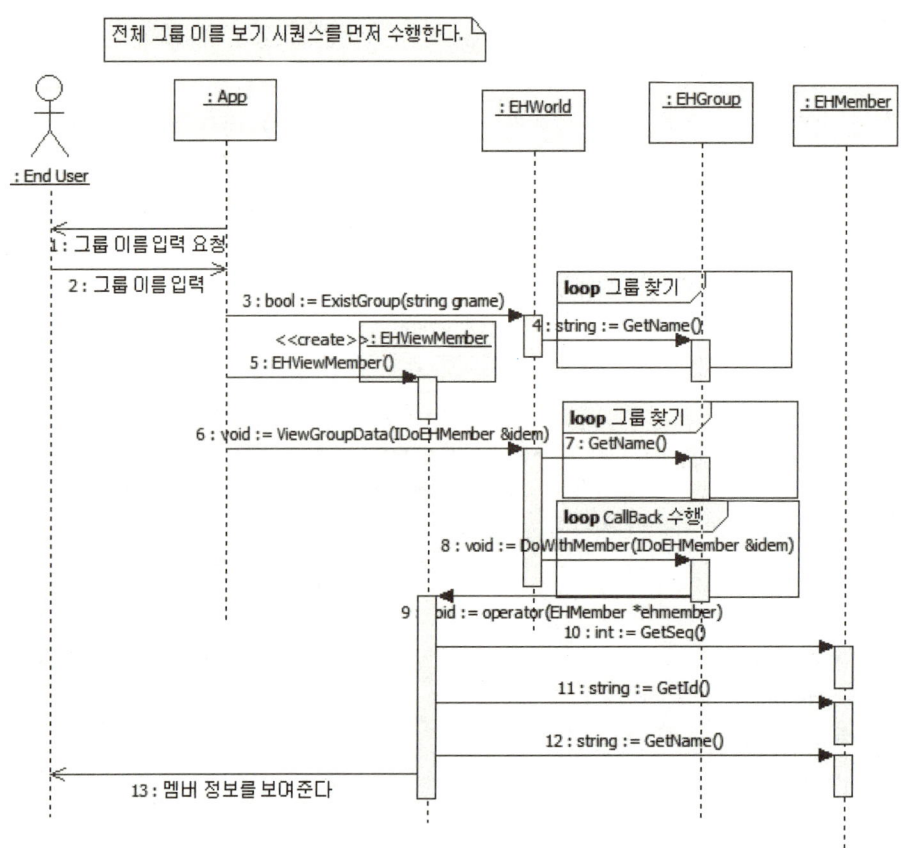

[그림 40] 특정 그룹 정보 보기 시퀀스 다이어그램

새로운 클래스를 추가하였으므로 클래스 다이어그램을 추가합시다.

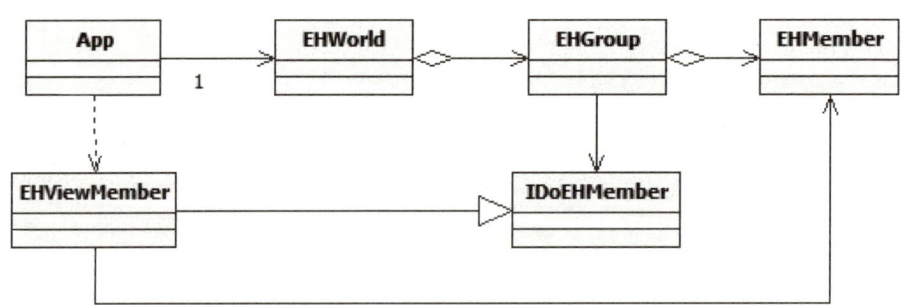

[그림 41] 멤버 정보 보기 CallBack 클래스 다이어그램

- 전체 그룹 정보 보기

 전체 그룹 정보 보기를 선택하면 App에서는 EHWorld에게 EHViewGroupName 개체와 EHViewMember 개체를 입력 인자로 전달합니다. EHWorld 개체는 순차적으로 보관된 모든 EHGroup 개체를 입력 인자로 EHViewGroupName 콜백을 수행하고 EHViewMember 개체를 다시 전달합니다. EHGroup 개체는 EHMember 개체를 인자로 EHViewMember 콜백을 수행하면 되겠죠. 물론, EHViewGroupName 개체는 전달받은 EHGroup 개체의 이름을 얻어와 화면에 출력합니다. EHViewMember 개체는 전달받은 EHMember 개체의 정보를 얻어와서 화면에 출력하겠죠.

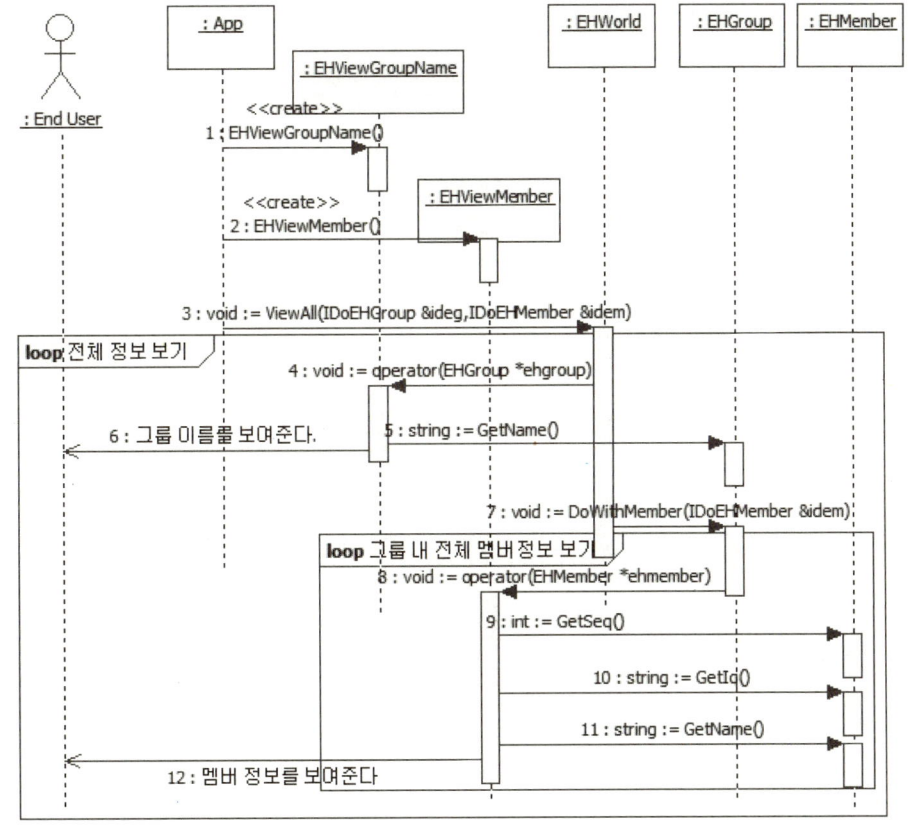

[그림 42] 전체 정보 보기 시퀀스 다이어그램

- 전체 멤버 보기

 전체 멤버 보기는 App가 EHViewMember 개체를 EHWorld에게 전달하여 전체 멤버에 대해 콜백을 수행하라고 요청합니다. EHWorld 개체는 자신에 보관된 모든 EHMember 개체들을 전달받은 함수 개체를 이용하여 콜백을 수행합니다. EHViewMember 개체에서는 EHMember 개체 정보를 얻어와 최종 사용자에게 보여주면 되겠죠.

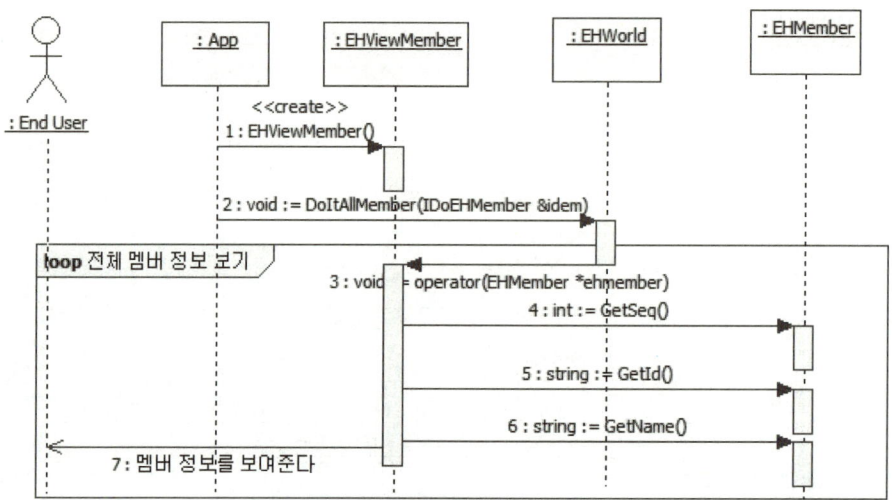

[그림 43] 전체 멤버 보기 시퀀스 다이어그램

 이상으로 EH World 프로그램의 설계를 마치겠습니다.

07

프로그래밍
구현

7. 프로그래밍 - 구현

구현단계에서는 이전 단계에서 작성한 문서들을 기반으로 작성합니다. 각 단계에서 작성하는 문서들은 계약이라 할 수 있으며 문서를 기반으로 프로그램을 작성하는 것을 계약에 의한 개발(Development by Contract)이라고 말합니다. 주의할 사항은 언제나 약속은 변경될 수가 있으며 변경되면 그 시점에 다시 문서를 변경한다는 것입니다. 이처럼 개발을 하면 추상적인 시나리오를 점차 구체화해 나갈 수 있을 뿐만 아니라 개발 팀원들 사이에 마찰을 줄일 수 있습니다.

여러분은 설계단계에서 작성한 문서를 출력하여 쉽게 볼 수 있는 환경을 마련한 후에 구현하세요.

7.1 단일체 정의

단일체는 특정 형식의 개체가 유일한 개체를 말합니다. EH World 프로그램에는 App 클래스와 EHWorld 클래스를 단일체로 구현하면 좋겠죠.

단일체는 생성자의 접근 지정을 private으로 하여 해당 클래스 내부에서만 생성할 수 있게 만듭니다. 그리고 정적 멤버로 단일체를 선언하고 정적 메서드로 단일체의 위치 정보를 반환하는 메서드를 구현하면 됩니다.

```cpp
class App
{
    static App app; // 단일체, 정적 멤버
public:
    static App *GetInstance();// 단일체를 반환하는 정적 메서드
    … 중략…
private:
    App(void); //App를 단일체 클래스로 하기 위해 private로 접근 지정
    … 중략…
};
```

정적 멤버로 단일체를 선언했으므로 App.cpp에도 표시해야겠죠. 그리고 단일체를 반환하는 정적 메서드 GetInstance를 구현하세요.

```
App App::app; //단일체, 정적 멤버

//단일체를 반환하는 정적 메서드
App *App::GetInstance()
{
    return &app;
}
```

같은 방법으로 EHWorld도 단일체로 구현합시다.

```
class EHWorld
{
    static EHWorld ehworld; //단일체, 정적 멤버
public:
    static EHWorld *GetEHWorld();//단일체를 반환하는 정적 메서드
private:
    EHWorld(void); //EHWorld를 단일체 클래스로 하기 위해 private로 접근 저징
};
```

EHWorld.cpp에도 정적 멤버를 선언하고 정적 메서드를 구현합시다.

```
EHWorld EHWorld::ehworld; //단일체, 정적 멤버

//단일체를 반환하는 정적 메서드
EHWorld *EHWorld::GetEHWorld()
{
    return &ehworld;
}
```

App 내부에서는 EHWorld의 단일체를 자주 사용하므로 쉽게 EHWorld 단일체를 사용할 수 있게 래핑한 메서드를 추가할게요.

```
//EHWorld 단일체를 쉽게 접근하게 하기 위해 래핑한 메서드
EHWorld *App::GetEHWorld()
{
    return EHWorld::GetEHWorld();
}

class App
{
    ... 중략...
private:
    EHWorld *GetEHWorld();
    ... 중략...
};
```

이제 진입점을 작성합시다. 이 프로그램에서 진입점은 App 단일체를 얻어와 가동하면 되겠죠.

```
void main()
{
    App *app = App::GetInstance();
    app->Run();
}
```

7.2 App의 Run 메서드

App의 Run 메서드에서는 사용자에게 메뉴를 보여주어 선택하게 하고 사용자가 선택한 기능을 수행하는 것을 반복하면 됩니다. 별다른 특이 사항이 없으므로 별도의 설명은 생략하기로 하겠습니다. 새롭게 추가한 기능을 App.h와 App.cpp에 추가하세요.

```cpp
void App::Run()
{
    keydata key = NO_DEFINED;

    while((key = SelectMenu())!=ESC)
    {
        switch(key)
        {
        case F1: AddGroup(); break;        //그룹 추가
        case F2: AddMember(); break;    //멤버 추가
        case F3: SearchMember(); break; //멤버 검색
        case F4: ViewGroup(); break;       //특정 그룹 정보 보기
        case F5: ViewGroupList(); break;   //전체 그룹 정보 보기
        case F6: ViewMemberList(); break; //전체 멤버 보기
        default: cout<<"잘못된 메뉴를 선택하였습니다."<<endl;
        }

        cout<<"아무키나 누르세요."<<endl;
        ehglobal::getkey();
    }
}
```

SelectMenu 메서드에서는 이전 화면을 지우고 메뉴를 출력한 후에 사용자가 입력한 키를 반환하면 되겠죠.

```
keydata App::SelectMenu()
{
    ehglobal::clrscr();

    cout<<"EH World 메뉴"<<endl;
    cout<<"[F1]: 그룹 추가"<<endl;
    cout<<"[F2]: 멤버 추가"<<endl;
    cout<<"[F3]: 멤버 검색"<<endl;
    cout<<"[F4]: 특정 그룹 보기"<<endl;
    cout<<"[F5]: 전체 그룹 보기"<<endl;
    cout<<"[F6]: 전체 멤버 보기"<<endl;
    cout<<"[ESC]: 프로그램 종료"<<endl;
    cout<<"메뉴를 선택하세요."<<endl;

    return ehglobal::getkey();
}

class App
{
    ...중략...
private:
    ...중략...
    keydata SelectMenu();
    void AddGroup();
    void  AddMember();
    void  SearchMember();
    void  ViewGroup();
    void  ViewGroupList();
    void  ViewMemberList();
};
```

7.3 그룹 추가

7.3.1 App 클래스

먼저, App 클래스에서 그룹 추가 기능에 필요한 코드를 작성해 봅시다. 그룹 추가 기능에서는 몇 번째 그룹이 생성될 것인지를 출력하기 위해 EHWorld 단일체로부터 생성될 그룹 번호를 얻어와 화면에 출력합니다. 그리고 사용자에게 그룹 이름을 입력받아서 입력한 이름을 인자를 EHWorld 단일체에 전달하여 그룹 생성을 요청하고 그 결과를 출력합니다.

```cpp
void App::AddGroup()
{
    EHWorld *ehworld = GetEHWorld();//단일체를 얻어옮

    int gcnt = ehworld->GetGroupCount();
    cout<<gcnt+1<<"번째 그룹의 이름을 입력하세요."<<endl;
    string gname = "";
    gname = ehglobal::getstr();

    //gname의 그룹 생성을 요청
    if(ehworld->MakeEHGroup(gname))//그룹 생성을 생공했을 때
    {
        cout<<gname<<" 그룹을 생성하였습니다."<<endl;
    }
    else //그룹 생성을 실패했을 때
    {
        cout<<gname<<"그룹을 생성하지 못하였습니다."<<endl;
    }
}
```

7.3.2 EHWorld 클래스

이제 EHWorld 클래스를 구현해 봅시다. EHWorld 클래스에서는 현재 보관된 그룹 개수를 반환하는 GetGroupCount 메서드와 그룹을 생성하는 MakeEHGroup 메서드를 구현하면 됩니다.

먼저 그룹을 보관할 수 있는 멤버를 추가합시다. EHGroup 개체를 보관하는 리스트 형식은 이미 typedef을 이용하여 GroupList로 정하였으므로 다음과 같이 선언하면 됩니다.

```cpp
class EHWorld
{
    GroupList gl; //그룹 정보를 보관하는 컬렉션, list
    ...중략...
};
```

보관된 그룹 개수는 멤버 gl의 size 메서드를 이용하면 되겠죠.

```cpp
int EHWorld::GetGroupCount()const
{
    return gl.size();
}
```

그룹을 추가하는 MakeEhGroup 메서드에서는 먼저 인자로 받은 이름의 그룹이 이미 있는지 확인합니다. 만약, 해당 이름을 그룹 이름으로 하는 EHGroup 개체가 발견되면 이미 있는 것이므로 이름을 인자로 받아 그룹을 찾아주는 메서드를 만들어 사용할게요. 없을 때에는 그룹 개체를 생성하여 push_back을 이용하여 차례대로 보관하면 되겠죠.

```cpp
bool EHWorld::MakeEHGroup(string gname)
{
    if(FindEHGroup(gname)) //gname의 그룹 찾기 성공했을 때
    {
        return false;
    }

    //gname의 그룹 찾기 실패 했을 때
    EHGroup *ehgroup = new EHGroup(gname); //gname의 그룹 생성
    gl.push_back(ehgroup); //그룹 보관하는 gl컬렉션에 보관
    return true;
}
```

이름을 인자로 받아 해당 이름의 그룹을 찾는FindEHGroup 메서드를 선언하고 구현합시다.

```cpp
class EHWorld
{
    ...중략...
private:
    EHGroup *FindEHGroup(string gname); //gname의 그룹을 찾는 메서드
    ...중략...
};
```

인자로 전달받은 이름의 그룹을 찾는 FindEHGroup 메서드를 만들어 봅시다. 그룹은 리스트에 보관되어 있으므로 반복자를 통해 시작 구간에서 끝 구간 사이에서 입력된 이름과 같은 그룹이름을 갖는 개체를 찾아서 반환하면 됩니다.

```cpp
EHGroup *EHWorld::FindEHGroup(string gname)
{
    GLIter seek = gl.begin();
    GLIter end = gl.end();
    EHGroup *ehgroup = 0;

    //반복자를 이용하여 차례대로 그룹 이름 비교
    for( ; seek != end ; ++seek)
    {
        ehgroup = *seek; //반복자의 간접 연산의 결과는 보관된 요소(그룹 정보)

        if(ehgroup->GetName() == gname)
        {
            return ehgroup;
        }
    }
    return 0;
}
```

7.3.3 EHGroup 클래스

그룹 추가를 구현하기 위해 필요한 EHGroup 클래스의 멤버는 생성자와 그룹의 이름을 반환하는 메서드입니다.

그룹의 생성자에서는 입력 인자로 전달받은 이름을 멤버 변수에 대입하면 되겠죠.

```
EHGroup::EHGroup(string name):name(name)
{
}
```

그룹의 이름을 반환하는 메서드에서는 그룹 이름에 해당하는 멤버 필드를 반환합시다.

```
string EHGroup::GetName() const
{
    return name;
}
```

7.4 멤버 추가

7.4.1 App 클래스

멤버 추가는 추가할 멤버의 아이디를 입력받고 이미 존재하는 멤버의 아이디인지를 확인합니다. 존재하지 않는 멤버의 아이디라면 멤버 이름을 입력받아 그룹을 선택한 후에 멤버 추가를 요청합니다. 물론, 아이디가 존재하는지를 확인하는 메서드와 멤버 개체를 생성하고 멤버를 추가하는 것은 EH World 개체에서 할 일입니다.

```
void App::AddMember()
{
    cout<<"추가할 멤버 아이디를 입력하세요."<<endl;
    string id = ehglobal::getstr();

    EHWorld *ehworld = GetEHWorld();//EHWorld 단일체를 얻어옮
```

```cpp
    if(ehworld->ExistMember(id)) //보관된 멤버 중에 id가 일치하는 멤버 존재할 때
    {
        cout<<id<<"는 이미 존재합니다."<<endl;
        return;
    }

    //보관된 멤버 중에 id가 일치하는 멤버가 존재하지 않을 때
    cout<<"멤버 이름을 입력하세요."<<endl;
    string mname = ehglobal::getstr();
    //멤버가 속할 그룹을 선택함
    ViewAllGroupName();
    cout<<"멤버가 속할 그룹 이름을 입력하세요."<<endl;
    string gname = ehglobal::getstr();

    //gname의 그룹을 찾아 id와 mname의 멤버를 생성하여 추가 요청
    if(ehworld->AddMember(id,mname,gname)) //추가하였을 때
    {
        cout<<"추가하였습니다."<<endl;
    }
    else//gname이름의 그룹이 없다면 추가하지 못함
    {
        cout<<"그룹이 존재하지 않아 정상적으로 추가하지 못하였습니다."<<endl;
    }
}
```

모든 그룹의 정보를 출력하는 ViewAllGroupName은 그룹 개체의 이름을 화면에 출력하는 일을 대신하는 함수개체 EHViewGroupName을 통해 수행하면 될 것입니다. 물론, 실제 그룹 개체는 EH World 개체에 보관되어 있으므로 App 클래스에서는 EH World 개체에 전체 그룹을 리스트하는 메서드에 함수 개체를 인자로 전달하면 됩니다.

```cpp
void App::ViewAllGroupName()
{
    EHWorld *ehworld = GetEHWorld();
    EHViewGroupName evgn;
    ehworld->ListGroup(evgn);
}
```

7.4.2 EHWorld 클래스

 멤버 추가를 구현하기 위해 필요한 EHWorld 클래스의 멤버는 존재하는 멤버 아이디인
지 확인하는 메서드(ExistMember), 멤버를 생성하여 보관하는 메서드(AddMember), 그룹
을 리스트하는 메서드(ListGroup)입니다.

 존재하는 멤버 아이디인지 확인하는 메서드에서는 아이디를 키, 멤버를 값으로 보관하
는 map개체의 인덱스 연산자를 사용하면 됩니다. 만약, 존재하지 않는다면 인덱스 연산
결과가 0입니다.

```
 bool EHWorld::ExistMember(string id)
{
    EHMember *ehmember = mm[id]; //값 = map[키]
    return ehmember != 0;
}
```

 멤버를 생성하여 보관하는 메서드에서는 입력한 이름의 그룹을 찾는 것을 먼저해야 합
니다. 만약, 그룹을 찾았다면 멤버 개체를 생성하여 멤버를 보관하는 map에 인덱스 연산
으로 보관하고 그룹에 멤버를 추가하는 메서드를 호출하면 되겠죠. 이름을 인자로 전달받
아 그룹을 찾는 메서드는 이미 그룹 추가 기능을 구현하면서 FindEHGroup 메서드로 만
들었습니다.

```
bool EHWorld::AddMember(string id,string mname,string gname)
{
    EHGroup *ehgroup = FindEHGroup(gname); //그룹이름이 gname인 그룹 찾기

    if(ehgroup) //그룹이름이 gname인 그룹을 찾았을 때
    {
        mcount++;//보관한 회원 수를 증가
        mm[id] = new EHMember(mcount,id,mname); //멤버 개체를 생성하여 보관
        ehgroup->AddMember(mm[id]); //찾은 그룹에 생성한 멤버 추가
        return true;
    }
    return false;
}
```

그룹을 리스트하는 ListGroup 메서드를 구현해 봅시다. 구체적으로 보관된 그룹 개체에 대해 어떠한 작업을 수행할 것인지는 입력 인자로 전달받은 함수 개체를 이용하면 됩니다. 즉, 그룹을 보관하는 리스트를 반복자를 통해 순차적으로 함수 개체를 이용하면 되겠죠.

```
void EHWorld::ListGroup(IDoEHGroup &ideg)
{
    GLIter seek = gl.begin();
    GLIter end = gl.end();

    //반복자를 차례대로 이동하면서 보관된 요소를 함수 개체에 적용
    for(  ; seek != end ; ++seek)
    {
        ideg(*seek); //보관된 요소를 함수 개체에 적용
    }
}
```

7.4.3 EHMember 클래스

멤버 클래스에서는 생성자 메서드를 구현해야 합니다. 생성자에서는 입력 인자로 전달받은 일련번호, 아이디, 이름으로 멤버 변수를 설정하면 됩니다.

```
EHMember::EHMember(int seq,string id,string name):seq(seq),id(id),name(name)
{
}
```

7.4.4 EHGroup 클래스

그룹 클래스에서는 멤버 개체를 보관하는 AddMember 메서드를 구현해야 합니다. 그룹에서는 멤버를 벡터에 차례대로 보관할 것이므로 push_back 메서드를 이용하면 됩니다.

```
void EHGroup::AddMember(EHMember *ehmember)
{
    mv.push_back(ehmember);
}
```

7.5 멤버 검색

7.5.1 App 클래스

멤버 검색은 서브 메뉴로 아이디로 멤버 검색, 특정 그룹 내의 멤버 검색을 선택해서 수행하기로 하였습니다. SelectMenu 메서드와 비슷하게 작성하면 되겠죠.

```
void App::SearchMember()
{
    keydata key = NO_DEFINED;

    while((key = SelectSearchMenu())!=ESC)
    {
        switch(key)
        {
        case F1: SearchById(); break; //id로 멤버 검색
        case F2: SearchAtGroup(); break; //그룹을 선택 후에 멤버 검색
        default: cout<<"잘못된 메뉴를 선택하였습니다."<<endl;
        }
        cout<<"아무키나 누르세요."<<endl;
        ehglobal::getkey();
    }
}
```

SelectSearchMenu는 검색에 대한 메뉴를 출력하고 사용자가 입력한 키를 반환합시다.

```
keydata App::SelectSearchMenu()
{
    ehglobal::clrscr();
    cout<<"멤버 검색 메뉴"<<endl;
    cout<<"[F1]: 아이디로 검색"<<endl;
    cout<<"[F2]: 그룹에서 검색"<<endl;
    cout<<"메뉴를 선택하세요."<<endl;
    return ehglobal::getkey();
}
```

아이디로 멤버를 검색하는 SearchById 메서드를 구현합시다. 검색을 위해서는 사용자에게 아이드를 입력을 받습니다. 그리고 EH World 개체에게 입력받은 아이디를 갖는 멤버를 찾아달라고 한 후에 개체 정보를 보여주면 되겠죠.

```
void App::SearchById()
{
    cout<<"검색할 멤버 id를 입력하세요."<<endl;
    string id = ehglobal::getstr();

    EHWorld *ehworld = GetEHWorld();//EHWorld 단일체 얻어옮

    EHMember * ehmember = ehworld->FindMember(id); //id로 멤버 찾기
    ViewMember(ehmember); //찾은 멤버 정보 보기
}
```

멤버 정보를 보여주는 ViewMember 메서드에서는 입력 인자로 전달받은 멤버 개체의 일련번호, 아이디, 이름을 얻어와서 화면에 출력하면 되겠죠.

```
void App::ViewMember(EHMember *ehmember)
{
    if(ehmember == 0) //존재하지 않는 멤버일 때
    {
        cout<<"존재하지 않는 id입니다."<<endl;
    }
    else//존재하는 멤버일 때
    {
        int seq = ehmember->GetSeq();
        string id = ehmember->GetId();
        string name = ehmember->GetName();
        cout<<"일련번호:"<<seq<<" 아이디:"<<id<<" 이름"<<name<<endl;
    }
}
```

그룹에서 멤버를 찾는 SearchAtGroup를 구현합시다. 먼저, 전체 그룹 정보를 보여줍니다. 사용자가 멤버를 찾을 그룹이름을 입력하면 존재하는 그룹인지 확인하고 존재할 때 멤버를 찾아달라고 요청한 후에 멤버 정보를 보여주면 됩니다. 이미 전체 그룹 정보를 보여주는 기능은 ViewAllGroupName 메서드로 구현했으니 이를 이용하면 되겠죠. 멤버의 정보를 출력하는 기능도 ViewMember 메서드로 구현했으니 이를 이용하면 됩니다.

```
void App::SearchAtGroup()
{
    ViewAllGroupName();//전체 그룹 이름 보여주기

    cout<<"먼저, 멤버가 속한 그룹 이름을 입력하세요."<<endl;
    string gname = ehglobal::getstr();

    EHWorld *ehworld = GetEHWorld();

    if( ! ehworld->ExistGroup(gname) ) //gname의 그룹이 존재하지 않을 때
    {
        cout<<"존재하지 않는 그룹입니다."<<endl;
        return;
    }

    //gname의 그룹이 존재할 때
    cout<<"검색할 멤버 id를 입력하세요."<<endl;
    string id = ehglobal::getstr();

    //그룹 내에서 id로 멤버 찾기
    EHMember * ehmember = ehworld->FindMember(id,gname);
    ViewMember(ehmember); //찾은 멤버 정보 보기
}
```

7.5.2 EHWorld 클래스

 EH World 개체는 아이디를 입력 인자로 멤버를 찾는 FindMember 메서드와 존재하는 이름의 그룹인지 확인하는 ExistGroup 메서드, 아이디와 그룹이름을 입력 인자로 그룹 내에서 멤버를 찾는 FindMember 메서드를 구현해야 합니다.

 먼저, 아이디를 입력 인자로 멤버를 찾는 FindMember 메서드에서는 아이디를 키로 멤버 개체를 보관하는 map에서 인덱스 연산으로 찾으면 되겠죠.

```
EHMember *EHWorld::FindMember(string id)
{
    return mm[id];
}
```

 이름을 인자로 전달받아 그룹이 존재하는지 확인하는 메서드는 이미 작성한 그룹을 찾는 메서드(FindEHGroup)를 호출하여 존재하는 개체여부를 반환하면 됩니다.

```
bool EHWorld::ExistGroup(string gname)
{
    return FindEHGroup(gname)!=0;
}
```

 멤버 아이디와 그룹 이름을 인자로 전달받아 그룹 내에 멤버를 찾는 FindMember 메서드를 구현합시다. 먼저, 그룹을 찾은 후에 그룹 개체에게 멤버를 찾아달라고 요청하면 되겠죠. 그룹을 찾는 메서드는 이미 작성한 FindEHGroup 메서드를 이용하면 됩니다.

```
EHMember *EHWorld::FindMember(string id,string gname)
{
    EHGroup *ehgroup = FindEHGroup(gname);
    if(ehgroup) //gname의 그룹을 찾았을 때
    {
        return ehgroup->FindMember(id); //그룹 내에서 id로 멤버 찾기
    }
    return 0;
}
```

7.5.3 EHGroup 클래스

 EHGroup 클래스에서는 아이디로 멤버 개체를 찾는 FindMember 메서드를 구현해야 합니다. 멤버는 벡터에 보관하므로 반복자를 이용하여 차례대로 보관된 멤버의 id와 전달받은 id를 비교하여 멤버를 찾으면 됩니다.

```
EHMember *EHGroup::FindMember(string id)
{
    MVIter seek = mv.begin();
    MVIter end = mv.end();
    EHMember *ehmember =0;
    //반복자를 차례대로 이동하며 id로 멤버 비교
    for(  ; seek != end; ++seek)
    {
        ehmember = *seek; //반복자의 간접 연산은 보관한 요소(멤버 위치 정보)
        if(ehmember->GetId() == id)
        {
            return ehmember;
        }
    }
    return 0; //찾지 못했을 때
}
```

7.5.4 EHMember 클래스

 EHMember 클래스에서는 일련번호, 아이디, 이름을 반환하는 메서드를 구현합시다.

```
int EHMember::GetSeq()const{    return seq;    }
string EHMember::GetId()const{    return id;    }
string EHMember::GetName()const{    return name;    }
```

7.6 특정 그룹 정보 보기

7.6.1. App 클래스

App 클래스에서 특정 그룹 정보 보기에서는 그룹의 이름을 보여주고 사용자가 그룹 이름을 입력한 후 그룹을 찾아 상세 정보를 출력하면 됩니다. 이미 전체 그룹의 이름을 보여주는 메서드는 ViewAllGroupName으로 만들었습니다. 그리고 상세 정보를 출력하는 기능은 그룹의 상세 정보를 출력하는 기능을 구현한 함수 개체를 입력 인자로 EH World 개체의 ViewGroupData 메서드를 호출하기로 하였죠.

```
void App::ViewGroup()
{
    ViewAllGroupName();//전체 그룹 이름 보기

    cout<<"확인하고자 하는 그룹 이름을 입력하세요."<<endl;
    string gname = ehglobal::getstr();
    EHWorld *ehworld = GetEHWorld();

    if( ! ehworld->ExistGroup(gname) ) //gname의 그룹이 있을 때
    {
        cout<<"존재하지 않는 그룹입니다."<<endl;
        return;
    }

    EHViewMember evm; //멤버의 정보를 보여주는 함수 개체 선언

    //함수 개체를 이용하여 gname의 그룹 내의 모든 멤버 정보 보기
    ehworld->ViewGroupData(gname,evm);
}
```

7.6.2 EHWorld 클래스

 ViewGroupData 메서드를 구현합시다. 여기서는 인자로 전달받은 그룹 개체를 찾은 후에 전달받은 함수 개체로 모든 멤버에 대해 수행할 것을 요청하면 됩니다. 그룹 개체를 찾는 메서드는 이미 FindEHGroup 메서드로 구현을 하였습니다.

```cpp
void EHWorld::ViewGroupData(string gname,IDoEHMember &idem)
{
    EHGroup *ehgroup = FindEHGroup(gname); //gname의 그룹 찾기

    if(ehgroup) //gname의 그룹을 찾았을 때
    {
        ehgroup->DoWithMember(idem); //그룹 내 모든 멤버를 함수 개체에 적용
    }
}
```

7.6.3 EHGroup 클래스

 여기서는 입력 인자로 전달받은 함수 개체를 이용하여 그룹 내에 보관하는 모든 멤버 개체에 적용하는 DoWithMember 메서드를 구현하면 됩니다. 마찬가지로 멤버를 보관한 벡터의 시작 위치에서 끝 위치까지 반복자를 이용하여 차례대로 보관된 멤버에 대해 적용하면 됩니다.

```cpp
void EHGroup::DoWithMember(IDoEHMember &idem)
{
    MVIter seek = mv.begin();
    MVIter end = mv.end();
    EHMember *ehmember =0;

    for(  ; seek != end; ++seek)
    {
        ehmember = *seek; //반복자의 간접 연산의 결과는 보관한 요소(멤버 위치 정보)
        idem(ehmember); //멤버를 함수 개체에 적용
    }
}
```

7.7 전체 그룹 정보 보기

7.7.1 App 클래스

App 클래스에서는 그룹에 대한 정보를 보여주는 함수 개체와 멤버에 대한 정보를 보여주는 함수 개체를 EHWorld 개체에게 전달하여 모든 그룹과 멤버에 대해 적용할 것을 요청하면 됩니다.

```
void App::ViewGroupList()
{
    EHWorld *ehworld = GetEHWorld();
    EHViewGroupName evgn; //그룹의 이름을 보여주는 함수 개체 선언
    EHViewMember evm; //멤버의 정보를 보여주는 함수 개체 선언
    ehworld->ViewAll(evgn,evm); //모든 그룹의 정보와 멤버의 정보를 함수 개체에 적용
}
```

7.7.2 EHWorld 클래스

여기서는 입력 인자로 전달받은 함수 개체를 이용하여 모든 그룹 개체에 적용하면 됩니다. 마찬가지로 반복자와 함수 개체를 이용하면 됩니다. 그룹 내에 보관된 모든 개체에 적용하는 것은 EHGroup에 구현된 DoWithMember 메서드를 호출하면 되겠죠.

```
void EHWorld::ViewAll(IDoEHGroup &ideg,IDoEHMember &idem)
{
    GLIter seek = gl.begin();
    GLIter end = gl.end();
    EHGroup *ehgroup = 0;
    for(  ; seek != end ; ++seek)
    {
        ehgroup = *seek;
        ideg(ehgroup); //그룹의 이름을 보여주는 함수 개체 수행
        ehgroup->DoWithMember(idem); //모든 멤버의 정보를 함수 개체에 적용
    }
}
```

7.8 전체 멤버 보기

7.8.1 App 클래스

전체 멤버 보기는 멤버의 정보를 보여주는 함수 개체를 EH World 개체에게 전달하여 수행을 요청하면 됩니다.

```cpp
void App::ViewMemberList()
{
    EHWorld *ehworld = GetEHWorld();
    EHViewMember evm; // 멤버의 정보를 보여주는 함수 개체 선언
    ehworld->DoItAllMember(evm); //모든 멤버의 정보를 함수 개체에 적용
}
```

7.8.2 EHWorld 클래스

여기서는 인자로 전달받은 함수 개체를 이용하여 멤버를 보관하는 map에 보관된 모든 멤버에 적용하면 됩니다.

```cpp
void EHWorld::DoItAllMember(IDoEHMember &idem)
{
    MMIter seek= mm.begin();
    MMIter end = mm.end();
    EHMember *ehmember = 0;
    //반복자를 사용하여 차례대로 보관된 멤버를 함수 개체에 적용
    for(  ; seek != end ; ++seek)
    {
        ehmember = (*seek).second;
        if(ehmember) //보관된 멤버가 있다면
        {
            idem(ehmember); //멤버를 함수 개체에 적용
        }
    }
}
```

드디어 EH World 프로그램을 작성하였습니다. 그 동안 수고하셨습니다.

Appendix - 정렬 알고리즘

컬렉션에 보관된 여러 요소를 특정 비교 논리를 이용하여 순차적 혹은 역순으로 보관 위치를 조절하는 것을 정렬이라고 합니다. 여기에서는 여러 원소가 연속적인 논리적 메모리에 보관되어 있을 때 정렬을 하는 다양한 알고리즘에 대해 다루려고 합니다.

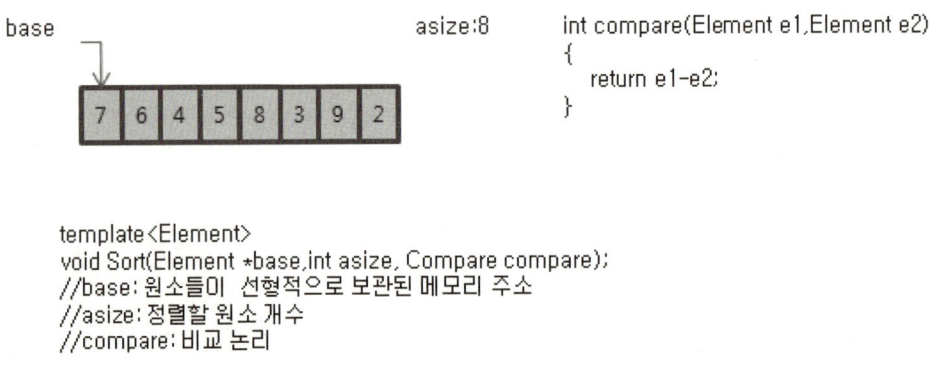

```
template<Element>
void Sort(Element *base,int asize, Compare compare);
//base: 원소들이 선형적으로 보관된 메모리 주소
//asize: 정렬할 원소 개수
//compare: 비교 논리
```

[그림 A1] 정렬 알고리즘의 입력 인자

A.1 거품 정렬 (Bubble Sort)

거품 정렬은 인접한 두 원소를 비교하여 원하는 논리에 맞게 교환하는 것을 반복해서 수행하는 정렬 알고리즘입니다.

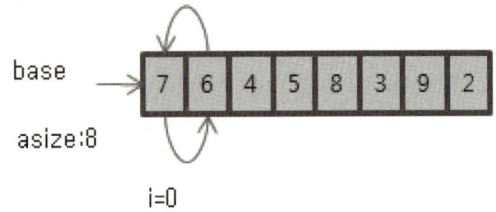

i=0

base[i],base[i+1] 비교 결과 > 0 일 경우 교환

[그림 A2] 버블 정렬에서 인접한 요소 비교 결과에 따라 교환

만약, 맨 앞의 원소에서부터 인접한 두 원소를 비교하여 원하는 논리에 맞게 교환해 나가면 제일 큰 값을 갖는 원소는 맨 뒤로 이동하게 됩니다.

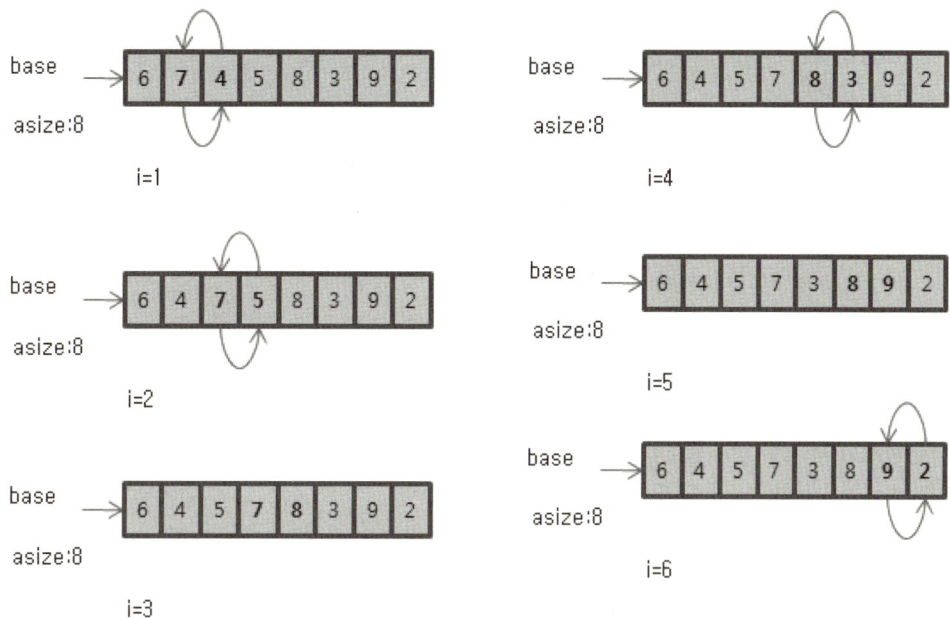

[그림A3] 인접한 요소를 순차적으로 비교를 끝까지 했을 때

인접한 요소를 차례로 끝까지 비교하면 정렬할 원소의 개수를 줄이고 나서 다시 위의 과정을 반복합니다. 정렬할 원소의 개수가 1일 될 때까지 반복하면 버블 정렬은 완료하게 됩니다.

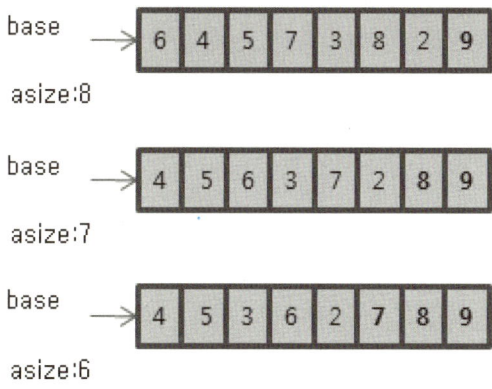

[그림 A4] 버블 정렬 수행 중간 모습

버블 정렬의 논리를 정리하면 다음과 같이 얘기할 수 있을 것입니다.

> 버블 정렬 (Arr: 보관된 메모리 주소, asize: 정렬할 원소 개수, compare: 비교 논리)
> 　반복문A(asize 가 1보다 클 동안)
> 　　i를 1로 대입
> 　　반복문B(i가 asize보다 작을 동안)
> 　　　조건문(compare(Arr[i-1], Arr[i]) 결과가 0보다 크다면)
> 　　　　교환(Arr[i-1], Arr[i])

참고로, i를 0으로 대입하지 않고 1로 대입한 이유는 내부 반복문에서 조건을 간결하게 하기 위해서입니다. 만약, i를 0으로 대입을 한다면 내부 반복문의 조건이 'i가 asize-1 보다 작을 동안'이 될 것입니다.

이처럼 어떠한 문제를 반복적인 방법으로 해결하면 반복문을 수행한 횟수에 상관없이 변하지 않는 특징(루프 불변성)이 무엇인지와 변하는 특징(루프 변성)이 무엇인지를 살펴보고 이들 특징으로 해당 알고리즘의 논리가 결함이 없음을 증명하게 됩니다. 대부분의 반복적인 문제 해결에서 루프 변성은 쉽게 확인이 될 것입니다.

버블 정렬의 반복문 B에서 루프 변성은 i입니다. 그리고 루프 불변성은 Arr[0]에서 Arr[i] 사이에 있는 원소 중에 제일 큰 값을 갖는 원소가 Arr[i]에 있다는 것입니다. 이 두 논리의 조합으로써 해당 반복문을 수행하고 나면 제일 큰 값을 갖는 원소가 맨 뒤로 이동된다는 것을 증명하게 되는 것입니다.

버블 정렬의 반복문 A에서 루프 변성은 asize입니다. 그리고 루프 불변성은 asize 뒤에 있는 원소들은 정렬을 완료하였을 때의 자라에 이미 배치되었다는 것입니다. 마찬가지로 이 두 논리의 조합으로 해당 반복문을 수행하고 나면 정렬이 됨을 증명하게 됩니다.

그리고 버블 정렬의 수행 시간에 대해 평가하면 최악의 경우 다음과 같이 얘기할 수 있을 것입니다.

> T(n)은 원소 개수가 n인 배열을 정렬할 때 수행 시간
> S(n)은 원소 개수가 n인 배열을 정렬할 때 수행 시간 중 비교에 걸리는 시간
> S(n)은 원소 개수가 n인 배열을 정렬할 때 수행 시간 중 교환에 걸리는 시간
> T(n) = S(n) + R(n)
> S(n) = (n-1) + S(n-1) = (n-1) + (n-2) + S(n-2) = ...
>   = (n-1) + (n-2) + ... + 3 + 2 + 1 = (n-1)*n
> R(n) = (n-1) + S(n-1) = (n-1) +(n-2) + S(n-2) = ...
>   = (n-1) + (n-2) + ... + 3 + 2 + 1 = (n-1)*n
> T(n) = 2 *(n-1)*n

따라서, 버블 정렬의 경우 비교에 걸리는 시간과 교환에 걸리는 시간은 O(n의 2승)이라 할 수 있습니다. 결국, 정렬에 걸리는 시간은 O(n의 2승)이라고 얘기할 수 있겠죠. 버블 정렬의 논리를 코드로 표현을 하면 다음과 같이 나올 수 있을 것입니다.

```cpp
//Sort.h
#pragma once
//Element: 배열에 보관한 요소 형식, Compare: 보관한 요소를 비교하는 논리
template <typename Element,typename Compare >
void bubble_sort(Element *base,size_t asize,Compare compare)
{
    for( ; asize>1 ;asize--) //정렬해야 할 사이즈가 1개 이상이라면 반복
    {
        for(size_t i=1; i<asize ;i++)//비교해야 할 인덱스가 asize보다 작다면
        {
            if(compare(base[i-1], base[i])>0) // 앞의 요소가 더 클 때
            {
                swap(base[i-1],base[i]); //두 개의 요소를 교환
            }
        }
    }
}
```

```
template <typename Element>
void swap(Element &e1, Element &e2) // 두 개의 요소를 바꾸는 함수
{
        Element temp = e1;
        e1 = e2;
        e2 = temp;
}
```

먼저, int 형을 원소로 하는 배열을 테스트하는 코드를 보여 드릴께요. 테스트 코드는 다른 정렬 알고리즘에서도 차이가 없으므로 이후에 나오는 다른 정렬 알고리즘에서는 테스트 코드에 대한 소개는 생략하겠습니다.

```
int CompareInt(int a,int b) //두 개의 정수를 비교하는 함수
{
    return a-b;
}

void TestIntArr()
{
    int arr[10] = {9,10,23,8,7,5,11,16,14,99};

    //arr의 10개의 요소를 CompareInt로 비교하여 정렬
    bubble_sort(arr,10,CompareInt);

    //정렬이 잘 되었는지 확인하기 위해 화면에 출력
    for(int i= 0; i<10; i++)
    {
        cout<<arr[i]<<endl;
    }
}
```

다음은 간단하게 Stu 클래스를 정의한 후에 번호 순으로 정렬하는 예와 이름순으로 정렬하는 예를 보여 드릴께요.

다음은 공통으로 사용할 Stu 클래스에 대한 정의입니다.

```cpp
// Stu.h
class Stu
{
    int num;
    string name;
public:
    Stu(int num,string name):num(num),name(name)
    {
    }
    int GetNum()const
    {
        return num;
    }
    string GetName()const
    {
        return name;
    }
};
```

번호 순으로 정렬하기 위해서는 번호로 비교하는 함수가 정의되어 있어야겠지요. 마찬가지로 이름순으로 정렬하기 위해서는 번호로 비교하는 함수가 정의되어 있어야 합니다.

```cpp
//학생 번호로 비교하는 함수
int CompareStuByNum(Stu *stu1,Stu *stu2)
{
    return stu1->GetNum()-stu2->GetNum();
}
```

```
//학생 이름으로 비교하는 함수
int CompareStuByName(Stu *stu1,Stu *stu2)
{
    return stu1->GetName().compare(stu2->GetName());
}
```

다음은 번호 순으로 정렬하는 예제 코드입니다. 만약, bubble_sort를 호출할 때 Compar eByName을 입력 인자로 전달하면 이름순으로 정렬됩니다.

```
void TestStu()
{
    Stu *arr[10];

    arr[0] = new Stu(3,"강감찬");
    arr[1] = new Stu(13,"홍길동");
    arr[2] = new Stu(23,"을지문덕");
    arr[3] = new Stu(37,"김기덕");
    arr[4] = new Stu(11,"탕정호");
    arr[5] = new Stu(9,"천안수");
    arr[6] = new Stu(8,"박아산");
    arr[7] = new Stu(7,"음냐뤼");
    arr[8] = new Stu(6,"고내리");
    arr[9] = new Stu(5,"박지영");

    //arr에 있는 10개의 요소를 CompreStuByNum을 이용하여 버블 소트
    bubble_sort(arr,10,CompareStuByNum);
    for(int i= 0; i<10; i++)
    {
        cout<<arr[i]->GetNum()<<":"<<arr[i]->GetName()<<endl;
    }
    for(int i = 0; i<10; i++)
    {
        delete arr[i];
    }
}
```

A.2 선택 정렬 (Selection Sort)

선택 정렬은 제일 작은 값을 갖는 원소를 찾아 배열의 첫 번째 원소와 교환을 하고 이를 제외한 나머지 원소에서 제일 작은 값을 찾아 교환하는 것을 반복함으로써 정렬하는 알고리즘입니다.

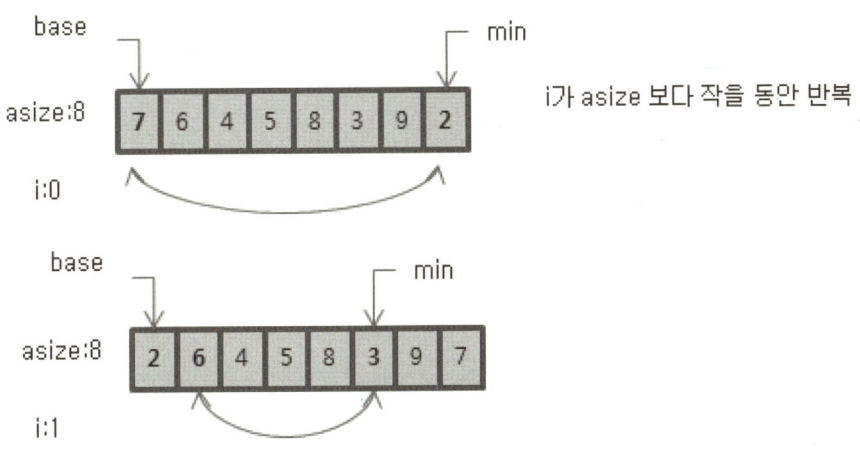

[그림 A5] 선택 정렬 진행 모습

선택 정렬의 논리를 정리하면 다음과 같이 얘기할 수 있을 것입니다.

> 선택 정렬 (Arr:보관된 메모리 주소, asize: 정렬할 원소 개수, compare: 비교 논리)
>   i 를 0으로 대입
>   반복문(i가 asize 가 작을 동안)
>   최소값의 위치를 찾아 min에 대입
>   교환(Arr[i], Arr[min]

이번에는 최소값의 위치를 찾는 논리에 대해 얘기를 해 봅시다. 일단, 제일 첫 번째 원소를 최소값의 위치로 초기화를 합니다. 그리고, 순차적으로 현재 최소값인 원소와 비교해서 더 작은 값이 발견되면 최소값의 위치를 변경해 줍니다. 이 논리를 모든 원소에 적용하고 나면 최소값의 위치를 알게 됩니다.

> 최소값 찾기(Arr: 보관된 메모리 주소, asize: 정렬할 원소 개수, compare: 비교 논리)
> min 을 0으로 대입
>   i 를 1로 대입
>   반복문(i가 asize 가 작을 동안)
>   조건문(compare(Arr[min],Arr[i]) 결과가 0보다 크다면)
>   min에 i를 대입

만약, 선택 정렬의 논리를 분리하지 않고 하나로 표현을 하면 다음과 같이 표현할 수 있을 것입니다.

> 선택 정렬 (Arr: 보관된 메모리 주소, asize: 정렬할 원소 개수, compare: 비교 논리)
> i 를 0으로 대입
> 반복문A(i가 asize 가 작을 동안)
>   min 을 i으로 대입
>   j 를 min+1로 대입
>   반복문B(j가 asize 가 작을 동안)
>   조건문(compare(Arr[min],Arr[i]) 결과가 0보다 크다면)
>   min에 j를 대입
>   교환(Arr[i], Arr[min])

선택 정렬의 반복문 B에서 루프 변성은 j가 순차적으로 증가한다는 것입니다. 그리고, 루프 불변성은 Arr[i]에서 Arr[j] 사이에 있는 원소 중에 제일 작은 값이 있는 위치의 인덱스를 min이 갖고 있다는 것입니다. 이 두 논리의 조합으로써 해당 반복문을 수행하고 나면 Arr[min]에 있는 원소가 Arr[i]부터 그 뒤에 원소들 중에 제일 작은 값이 있다는 것이 증명됩니다.

선택 정렬의 반복문 A에서 루프 변성은 i가 순차적으로 증가하는 것입니다. 그리고, 루프 불변성은 Arr[0]에서 Arr[i]에 있는 원소들은 정렬을 완료하였을 때의 자라에 이미 배치되었다는 것입니다. 마찬가지로 이 두 논리의 조합으로 해당 반복문을 수행하고 나면 정렬이 됨을 증명하게 됩니다.

그리고, 선택 정렬의 수행 시간에 대한 평가를 하면 최악의 경우 다음과 같이 얘기할 수 있을 것입니다.

T(n)은 원소 개수가 n인 배열을 정렬할 때 수행 시간
S(n)은 원소 개수가 n인 배열을 정렬할 때 수행 시간 중 비교에 걸리는 시간
S(n)은 원소 개수가 n인 배열을 정렬할 때 수행 시간 중 교환에 걸리는 시간
T(n) = S(n) + R(n)

S(n) = (n-1) + S(n-1) = (n-1) + (n-2) + S(n-2) = …
    = (n-1) + (n-2) + … + 3 + 2 + 1 = (n-1)*n
R(n) = 1 + R(n-1) = 1 + 1 + S(n-2) = … = 1 + 1 + 1 + … + 1 = n-1
T(n) = (n-1)*n + (n-1)

따라서, 선택 정렬의 경우 비교에 걸리는 시간은 O(n의 2승)이고 교환에 걸리는 시간은 O(n)이라 할 수 있습니다. 결국, 정렬에 걸리는 시간은 O(n의 2승)이라고 얘기할 수 있겠죠.

다음은 선택 정렬을 구현한 예제 코드입니다.

```cpp
template <typename Element,typename Compare >
void selection_sort(Element *base,size_t asize,Compare compare)
{
    int min=0; //제일 작은 값이 있는 인덱스를 보관하기 위한 변수 선언


    //제일 작은 값을 찾아 i번째 요소와 교환
    for(int i=0 ;i < asize ;i++)
    {

        //인덱스 i에서 asize-1 사이에 요소 중에 제일 작은 값이 있는 요소 위치 찾기
        min=i; //제일 작은 값이 있는 위치를 i로 초기 설정
        for(int j=min+1; j<asize ;j++)
        {
            if(compare(base[min], base[j]) >0 ) //최소값이 j번째 원소보다 클 때
            {
                min = j; //j 위치의 원소가 최소값이므로 min에 j를 대입
            }
        }
        swap(base[i],base[min]); //i번째 원소와 찾은 최소값을 교환
    }
}
```

A.3 삽입 정렬 (Insertion Sort)

 삽입 정렬은 배열의 부분 배열을 정렬시켜 나가는 정렬 방식입니다. 인덱스 i 이전까지 부분 배열이 정렬되어 있다고 할 때 인덱스 i에 있는 원소까지 포함한 부분 배열을 정렬을 시킨다고 하면 인덱스 i에 있는 원소를 앞쪽의 원소들과 비교해서 자신보다 크면 자리를 교체하고 다시 앞쪽에 있는 원소와 비교해 나가는 것을 반복하면 정렬이 됩니다. 이러한 원리로 점점 정렬된 부분 배열을 확장해 나가는 원리로 정렬을 해 나가는 것이 삽입 정렬입니다.

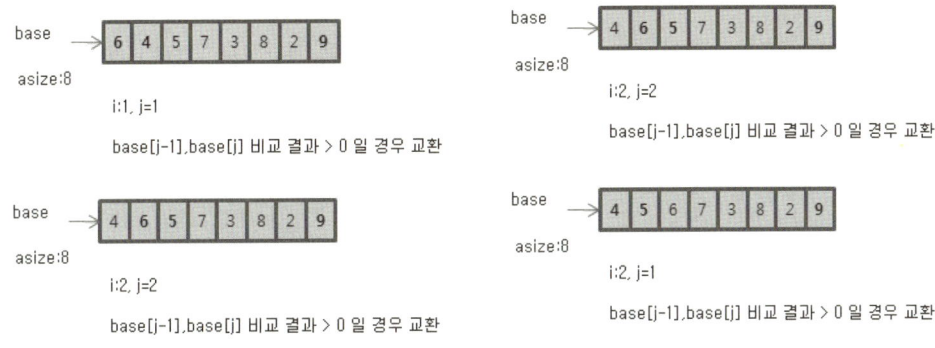

[그림 A6] 삽입 정렬 진행 모습

삽입 정렬의 논리를 정리하면 다음과 같이 얘기할 수 있을 것입니다.

> 삽입 정렬 (Arr: 보관된 메모리 주소, asize: 정렬할 원소 개수, compare: 비교 논리)
> i 를 1로 대입
> 반복문A(i가 asize 가 작을 동안)
> j를 i로 대입
> 반복문B(j가 0보다 클 동안)
> 조건문 (compare(Arr[j-1],Arr[j]) 결과가 0보다 크다면)
> 교환(Arr[j-1],Arr[j])
> 그렇지 않다면
> 반복문 탈출

삽입 정렬의 반복문 B에서 루프 변성은 j가 순차적으로 감소한다는 것입니다. 그리고, 루프 불변성은 Arr[j]에서 Arr[i] 사이에 있는 원소들은 정렬된 상태를 유지한다는 것입니다. 이 두 논리의 조합으로써 반복문 B를 수행하고 Arr[0]에서 Arr[i]에 있는 원소들로 구성된 부분 배열은 정렬이 된다는 것이 증명됩니다.

삽입 정렬의 반복문 A에서 루프 변성은 i가 순차적으로 증가하는 것입니다. 그리고, 루프 불변성은 Arr[0]에서 Arr[i]에 있는 원소들로 구성된 부분 배열은 정렬이 되어 있다는 것입니다. 마찬가지로 이 두 논리의 조합으로 해당 반복문을 수행하고 나면 정렬이 됨을 증명하게 됩니다.

그리고, 삽입 정렬의 수행 시간에 대한 평가를 하면 최악의 경우 다음과 같이 얘기할 수 있을 것입니다.

> T(n)은 원소 개수가 n인 배열을 정렬할 때 수행 시간
> S(n)은 원소 개수가 n인 배열을 정렬할 때 수행 시간 중 비교에 걸리는 시간
> S(n)은 원소 개수가 n인 배열을 정렬할 때 수행 시간 중 교환에 걸리는 시간
> T(n) = S(n) + R(n)
>
> S(n) = 1 + 2 + ... + n-1 = (n-1)*n
> R(n) = 1 + 2 + ... + n-1 = (n-1)*n
> T(n) = (n-1)*n + (n-1)

따라서, 삽입 정렬의 경우 비교에 걸리는 시간과 교환에 걸리는 시간은 O(n의 2승)이라 할 수 있습니다. 결국, 정렬에 걸리는 시간은 O(n의 2승)이라고 얘기할 수 있겠죠.

단순히, 빅 오로 수행 시간을 비교하면 거품 정렬과 차이가 없습니다. 하지만, 자료를 보관할 때 순차적으로 보관을 하고 특정 주기나 필요할 때 정렬을 한다고 하면 삽입 정렬은 매우 효과적인 정렬이 될 수 있을 것입니다. 만약, 자료를 보관한 회수가 10의 배수가 되거나 전체 출력을 요청할 때 정렬을 한다고 가정을 해 봅시다. 현재 자료가 1000개 보관되어 있고 정렬된 상태에서 새롭게 10개의 자료가 추가되어 정렬을 한다고 할 경우 삽입 정렬의 알고리즘으로 한다면 최악의 경우 만 번 정도면 충분히 정렬이 됩니다.

다음은 삽입 정렬을 구현한 예제 코드입니다.

```cpp
template <typename Element,typename Compare >
void insertion_sort(Element *base,size_t asize,Compare compare)
{
    //i개의 원소가 정렬된 상태를 만들어 가며 정렬한다.
    for(int i=1 ; i<asize ;i++)
    {
        //i번째 요소가 들어갈 자리를 찾는다.(i-1개는 정렬되어 있는 상태임)
        for(int j=i; j>0 ;j--)//j를 이동시키며 자신의 자리를 찾음
        {
            if(compare(base[j-1], base[j]) >0 ) //j-1번째 요소가 j번째 요소보다 클 때
            {
                swap(base[j-1],base[j]); //교환
            }
            else
            {
                break; //앞쪽은 자신보다 다 작은 값만 있으므로 루프 탈출
            }
        }
    }
}
```

A.4 퀵 정렬 (Quick Sort)

 퀵 정렬은 피벗 원소를 선정하여 피벗 원소보다 작은 원소들은 앞쪽으로 보내고 큰 원소들은 뒤쪽으로 보내어 피벗 원소를 그 들 사이에 배치합니다. 그리고 피벗의 앞쪽과 뒤쪽을 재귀적인 방법으로 정렬하는 원리로 문제를 해결하는 방법을 퀵 정렬이라고 합니다.

 퀵 정렬에서는 제일 먼저 피벗을 선택하여 피벗을 배열의 맨 뒤의 요소와 교환합니다. 퀵 정렬 알고리즘은 어떠한 피벗을 선택하느냐에 따라 수행 성능에 차이를 보입니다. 이 책에서는 어떠한 피벗을 선택하면 효과적인지에 대한 설명은 하지 않습니다. 여러분은 이에 대한 별도의 학습을 해 보시기 바랍니다.

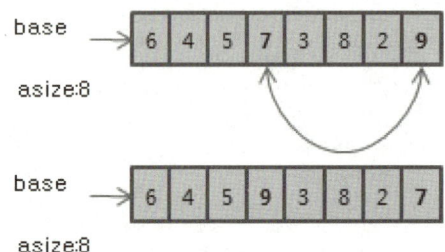

피벗을 선택하여 배열의 맨 뒤 요소와 교환

[그림 A7] 피벗을 선택하여 배열의 맨 뒤의 요소와 교환

 배열의 앞쪽에서는 피벗보다 작은 원소들을 배치할 것이기 때문에 앞에서부터 피벗과 비교하면서 큰 원소를 찾습니다. 그리고 뒤쪽에서는 반대로 피벗과 비교하면서 작은 원소를 찾습니다. 그리고 큰 원소가 있는 인덱스가 작은 원소가 있는 인덱스보다 작으면 두 원소를 교환합니다.

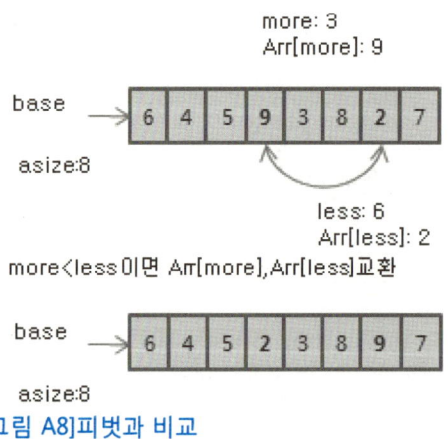

[그림 A8]피벗과 비교

그리고, 계속 각각 해당 위치에서부터 같은 원리로 피벗보다 큰 원소와 작은 원소를 찾아 교환합니다. 이러한 작업은 큰 원소가 있는 인덱스 값이 작은 원소가 있는 인덱스 값보다 작다면 계속됩니다. 만약, 그렇지 않다면 정확하게 피벗보다 작은 원소들과 큰 원소들은 분리되어 배치된 상태가 됩니다. 이와 같은 경우에는 큰 원소와 피벗을 교환을 합니다.

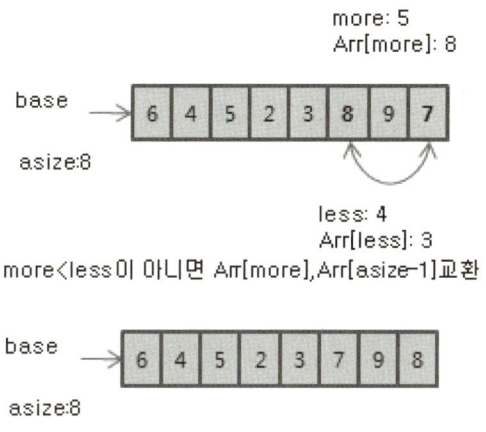

[그림 A9] 피벗과 교환

이와 같은 작업을 통해 배열에는 피벗은 자신의 위치를 찾게 되고 피벗보다 작은 원소와 큰 원소는 피벗을 중심으로 분리되게 됩니다. 이 후에 피벗 앞쪽의 부분 배열과 뒤쪽의 부분 배열을 재귀적으로 퀵 정렬을 호출하면 전체가 정렬될 것입니다.

퀵 정렬처럼 재귀적인 방법을 사용하는 경우에는 재귀의 탈출 조건을 생각해야 합니다. 재귀의 탈출 조건은 재귀함수를 호출하기 전보다 탈출 조건에 가까워야 합니다. 그렇지 않다면 재귀의 끝이 언제가 될지 보장을 할 수가 없겠죠.

퀵 정렬의 논리를 정리하면 다음과 같이 얘기할 수 있을 것입니다.

> *퀵 정렬 (Arr: 메모리 주소, asize: 정렬할 원소 개수, compare: 비교 논리)*
> *asize가 1보다 작거나 같다면 종료*
> *피벗을 선택*
> *피벗과 배열의 마지막 요소를 교환*
> *more에 0 대입, less에 asize-1 대입*
> *반복문A (more 가 less 보다 작을 동안)*
> *반복문B1(more가 asize보다 작을 동안)*
> *조건문 (compare(Arr[more],Arr[asize-1]) 결과가 0보다 크다면)*
> *반복문 탈출*
> *반복문B2(less가 0보다 크거나 같다면)*
> *조건문 (compare(Arr[less],Arr[asize-1]) 결과가 0보다 작다면)*
> *반복문 탈출*
> *조건문(more 가 less 보다 작다면)*
> *교환(Arr[more],Arr[less])*
> *교환(Arr[more],Arr[asize-1])*
> *퀵정렬(Arr,more,compare)*
> *퀵정렬(Arr+more+1,asize-more-1,compare)*

그리고, 퀵 정렬의 수행 시간에 대한 평가를 하면 평균적으로 보면 다음과 같이 얘기할 수 있습니다.

> $T(n)$은 원소 개수가 n인 배열을 정렬할 때 수행 시간
> $S(n)$은 원소 개수가 n인 배열을 정렬할 때 수행 시간 중 비교에 걸리는 시간
> $R(n)$은 원소 개수가 n인 배열을 정렬할 때 수행 시간 중 교환에 걸리는 시간
> $T(n) = S(n) + R(n) + 2* T(n/2) + 4*T(n/2의 2승) + ...+(2의 h승)* T(1)$
>
> $S(n) = n$
> $R(n) = n$
> $T(n) = 2n + 2n + 2n + ...+ 2n = 2n* h$
> 2의 h승 = 1 일 때, $h = \log_2 n$
> 즉, $T(n) = 2n \log_2 n$

따라서, 퀵 정렬의 경우 비교와 교환에 시간은 w(nlogn)이라 할 수 있으며 정렬에 걸리는 시간도 마찬가지입니다. 하지만, 이는 분할이 정확히 반으로 쪼개질 경우에 기대할 수 있는 수치입니다. 만약, 분할이 균등하지 않고 한 쪽에 지나치게 크게 된다면 O(n의 2승)이 됩니다. 이러한 이유로 어느 정도 정렬이 되어 있거나 역순으로 정렬이 되어 있는 경우에는 퀵 정렬은 좋은 성능을 내기 힘듭니다.

다음은 퀵 정렬을 구현한 예제 코드입니다.

```cpp
// e1, e2, e3 중에 중간값을 찾아 반환하는 함수
template <typename Element,typename Compare >
Element &find_middle(Element &e1,Element &e2,Element &e3,Compare compare)
{
    if(compare(e1, e2)>0) // e1이 e2보다 클 때
    {
        if(compare(e2, e3)>0) //e2가 e3보다 클 때
        {
            return e2; //e2가 중간값
        }
        else//e2가 e3보다 크지 않을 때, e2가 최소값
        {
            if(compare(e1,e3)>0) //e1이 e3보다 클 때
            {
                return e3; //e3가 중간값
            }
            return e1; //e1이 중간값
        }
    }
    //e1이 e2보다 크지 않을 때
    if(compare(e2, e3)<0) //e3가 e2보다 클 때
    {
        return e2; //e2가 중간값
    }
```

```cpp
    else//e3가 e2보다 크지 않을 때, e2가 최대값
    {
        if(compare(e1,e3)>0) //e1이 e3보다 클 때
        {
            return e1; //e1이 중간값
        }
        return e3; //e3가 중간값
    }
}

template <typename Element,typename Compare >
void quick_sort(Element *base,size_t asize,Compare compare)
{
    if(asize<=1) //정렬할 원소의 개수가 1보다 작거나 같으면, 재귀 탈출 조건
    {
        return;
    }
    int last = asize-1;
    //(맨 앞, 맨 뒤, 중간에 있는 요소 중에)피벗을 찾아서 피벗과 맨 뒤에 요소를 교환
    Element &pivot = find_middle(base[0],base[asize/2],base[last],compare);
    swap(pivot,base[last]);

    int more = -1; //피벗보다 큰 요소를 앞에서부터 찾기 위한 변수 선언
    int less = last; //피벗보다 작은 요소를 뒤에서부터 찾기 위한 변수 선언
    //피벗보다 작은 요소들은 왼쪽에 큰 요소들은 오른쪽에 배치하는 루프문
    while(more<less) //큰 요소를 발견한 위치 < 작은 요소를 발견한 위치
    {
        //more 뒤 쪽에 피벗보다 큰 값이 있는 위치를 찾는 루프문
        for(more++; more<last ; more++)
        {
```

```
        //more위치에 값이 피벗(base[last])보다 크다면
        if(compare(base[more],base[last])>0)
        {
            break;
        }
    }


    //less 앞 쪽에 피벗보바 작은 값이 있는 위치를 찾는 루프문
    for(less--; less>=0 ; less--)
    {
        //less위치에 값이 피벗(base[last])보다 작다면
        if(compare(base[less],base[last])<0)
        {
            break;
        }
    }

    //more 위치의 원소가 less 위치의 원소보다 작다면 교환
    if(more < less)
    {
        swap(base[more],base[less]);
    }
}


//피벗과 more위치에 값을 교환
//피벗을 중심으로 앞쪽은 작은값, 뒤쪽은 큰값들이 배치됨
swap(base[more],base[last]);
quick_sort(base,more,compare); //피벗 앞쪽 배열을 정렬(재귀)
quick_sort(base+more+1,asize-more-1,compare); //피벗 뒤쪽 배열을 정렬(재귀)

}
```

A.5 기수 정렬 (Radix Sort)

기수 정렬은 낮은 자리부터 큰 자리 순으로 카운트 정렬을 이용하여 정렬하는 것을 기수 정렬이라고 합니다. 먼저, 카운트 정렬에 대해 살펴보기로 합시다.

카운트 정렬은 도수의 개수를 파악한 후에 각 도수가 위치할 수 있는 위치를 계산하여 각 수를 배치하는 알고리즘입니다.

만약, abc 세 가지 종류의 값들만 보관된 배열이 있다고 가정을 합시다. 이 경우에 카운트 정렬을 이용하여 정렬한다면 제일 먼저 각 값이 몇 개 있는지 조사합니다.

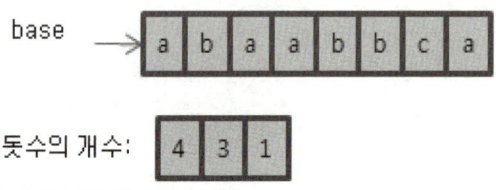

[그림 A10] 돗수 개수 파악

그리고 각 값이 배치할 수 있는 최대 범위를 계산합니다. a는 인덱스 3까지 배치할 수 있고 b는 인덱스 6까지 있을 수 있으며 c는 인덱스 7까지 있을 수 있습니다.

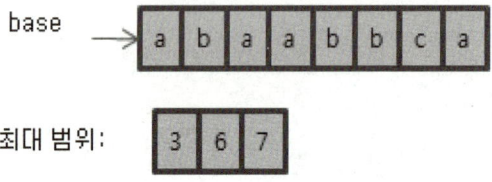

[그림 A11] 배치할 수 있는 최대 범위 계산

이제, 맨 뒤에 있는 요소들을 계산된 최대 범위를 참고하여 해당 위치에 배치합니다. 그리고 배치한 후에 최대 범위를 1 감소시키면 다음 요소가 배치할 위치가 됩니다. 이를 차례대로 반복하여 맨 앞 요소까지 배치하면 정렬이 됩니다.

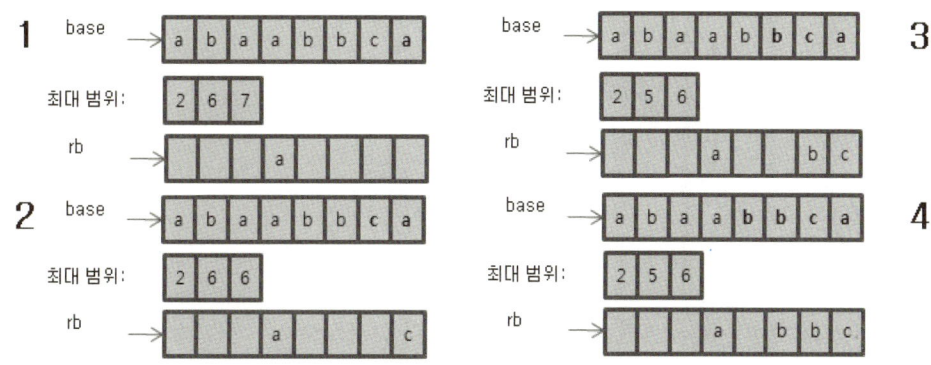

[그림 A12] 요소들 배치 과정

더구나 이처럼 정렬하면 같은 값을 가진 요소들의 위치가 정렬 후에도 유지가 됩니다. 이처럼 같은 값을 갖진 요소들이 정렬 전과 후에 위치가 바뀌지 않는 정렬을 안정성이 있다고 합니다.

기수 정렬은 이와 같은 카운트 정렬을 이용합니다. 제일 낮은 자릿수로 카운트 정렬을 하고 난 후에 다음 자릿수로 카운트 정렬을 해 나가면 전체가 정렬됩니다. 이는 카운트 정렬이 안정성이 있는 정렬이기 때문에 가능한 것입니다.

만약, 정렬을 할 때 하나의 키가 아닌 두 가지 이상의 키를 비교하여 정렬을 해야 하는 경우에는 우선 순위가 낮은 키로 정렬을 한 후에 우선 순위가 높은 키 순으로 정렬을 하시기 바랍니다. 단, 안정성 있는 정렬을 선택하셔야 겠지요.

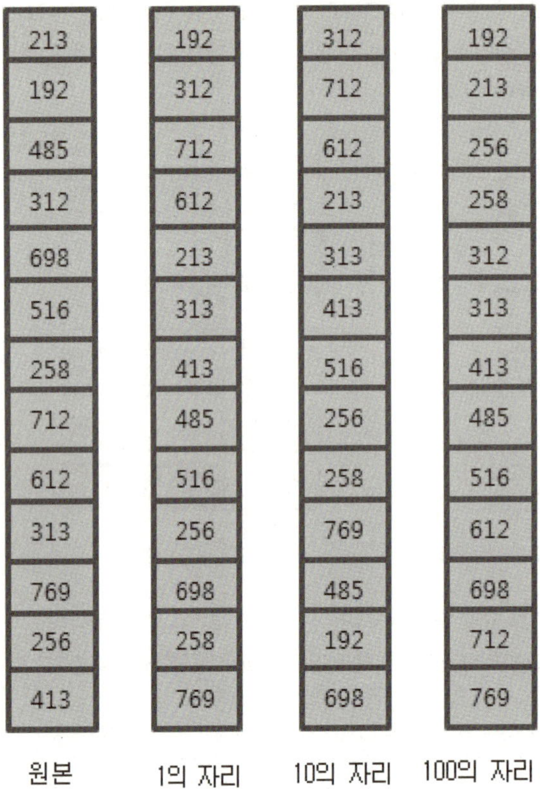

원본	1의 자리	10의 자리	100의 자리
213	192	312	192
192	312	712	213
485	712	612	256
312	612	213	258
698	213	313	312
516	313	413	313
258	413	516	413
712	485	256	485
612	516	258	516
313	256	769	612
769	698	485	698
256	258	192	712
413	769	698	769

[그림 A13] 기수 정렬 진행 과정

A.6 병합 정렬 (merge Sort)

병합 정렬은 분할 정복 기법을 사용하여 정렬하는 알고리즘입니다. 분할 정복이라 커다란 문제를 작은 문제로 나누고 난 후에 작은 문제를 해결하여 합치는 과정을 통해 전체 문제를 해결하는 것을 말합니다. 이 책에서 병합 정렬에 대한 설명은 분할 과정과 정복 과정으로 나누어 설명하도록 하겠습니다.

분할 과정은 정렬해야 할 원소의 개수가 2보다 크거나 같은 경우에는 왼쪽 부분 배열과 오른쪽 부분 배열로 나누어 재귀적으로 병합 정렬을 호출하는 것입니다. 재귀의 탈출 조건은 원소의 개수가 1보다 작거나 같은 경우로 하면 되겠죠.

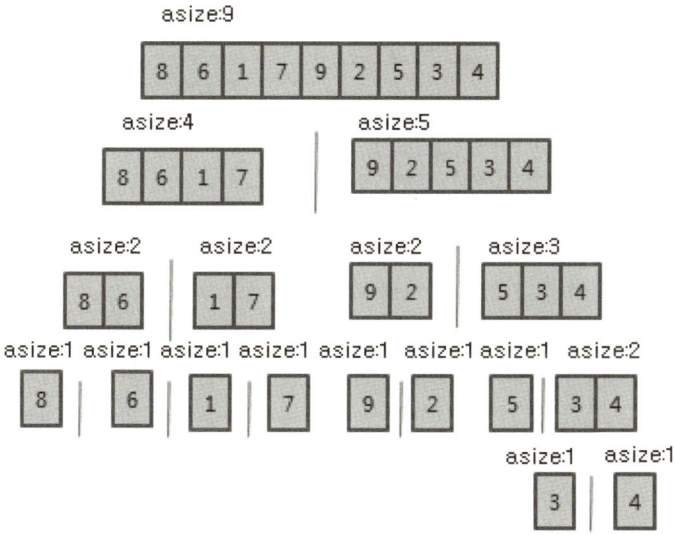

[그림 A14] 병합 정렬에서 분할 과정

다음은 병합 정렬에서 분할 과정에 대한 논리입니다.

> 병합 정렬 (Arr: 보관된 메모리 주소, asize: 정렬할 원소 개수, compare: 비교 논리)
> asize가 1보다 작거나 같다면 종료
> 병합 정렬(Arr,asize/2,compare)
> 병합 정렬(Arr+asize/2,asize - asize/2,compare)
> 정복 과정

정복 과정은 정렬된 상태의 분할된 두 개의 배열을 정렬된 하나의 배열로 만들어가는 과정을 말합니다.

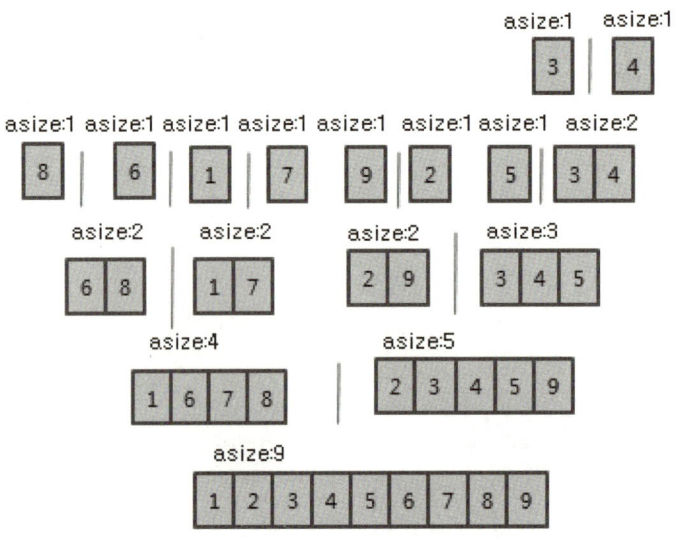

[그림 A15] 병합 정렬에서 정복 과정

 이러한 정복 과정을 위해서는 정렬된 상태의 두 개의 배열을 하나의 배열로 만드는 알고리즘이 필요합니다. 이를 위해서는 두 개의 배열의 사이즈를 합한 만큼의 크기를 갖는 임시 배열이 필요합니다. 두 개의 배열의 요소들을 서로 비교하기 위해 각각의 인덱스 변수를 초기화를 합니다. 그리고 두 개의 배열에서 비교할 위치의 두 요소를 비교하여 작은 요소를 임시 배열에 보관합니다. 보관할 위치는 임시 배열에서 두 개의 인덱스를 합한 위치가 되겠죠. 그리고, 작은 요소가 위치한 인덱스를 증가시켜줍니다. 이를 반복해서 수행하면 제일 큰 값을 가진 배열의 요소들을 임시 배열에 옮겨주면 정렬된 하나의 배열이 됩니다.

다음은 병합 정렬에서 정복 과정에 대한 논리입니다.

병합 정렬 (Arr: 보관된 메모리 주소, asize: 정렬할 원소 개수, compare: 비교 논리)
분할과정
indexA를 0으로 초기화
indexB를 0으로 초기화
lArr는 Arr에서 asize/2만큼 떨어진 메모리 주소
tArr에 asize원소 개수를 갖는 메모리 할당
반복문A(indexA가 asize/2보다 작으면서 indexB가 (asize-asize/2)보다 작다면)
  조건문1(compare(Arr[indexA],lArr[indexB])가 0보다 작다면)
    tArr[indexA+indexB] 에 Arr[indexA]를 대입
  아니라면
    tArr[indexA+indexB]에 lArr[indexB]를 대입
조건문2(indexA가 asize/2라면)
  반복문B(indexB가 (asize-asize/2)보다 작을 동안)
    tArr[indexA+indexB] = lArr[indexB]
아니라면
  반복문C(indexA가 asize/2보다 작을 동안)
    tArr[indexA+indexB] = Arr[indexA]
i를 0으로 초기화
반복문D(i가 asize보다 작을 동안)
  Arr[i]에 tArr[i]를 대입
tArr 메모리 해제

다음은 병합 정렬을 구현한 예제 코드입니다.

```
template <typename Element,typename Compare >
void merge_sort(Element *base,int asize,Compare compare)
{
    if(asize<=1) //정렬할 원소 개수가 1보다 작거나 같다면, 재귀 함수 탈출 조건
    {
        return;
    }
    int half_one = asize/2; //분할할 앞쪽 배열의 원소 개수
    int half_two = asize - asize/2; //분할할 뒤쪽 배열의 원소 개수
    Element *rbase = base+half_one; //분할할 뒤쪽 배열의 시작 주소
    merge_sort(base, half_one, compare); //분할한 앞쪽 배열을 정렬(재귀)
    merge_sort(rbase,half_two,compare); //분할한 뒤쪽 배열을 정렬(재귀)

    int index1=0; //앞쪽 배열의 원소를 차례대로 접근할 변수
    int index2=0; //뒤쪽 배열의 원소를 차례대로 접근할 변수
    Element *tbase = new Element[asize]; //정렬에 사용할 임시 공간 할당
    while( (index1<half_one) && (index2<half_two)) //비교할 원소가 양쪽에 남아있을 때
    {
        if(compare(base[index1],rbase[index2])<0) //뒤쪽 배열의 원소가 클 때
        {
            tbase[index1+index2] = base[index1]; //앞쪽 요소를 보관
            index1++;//앞쪽 배열에 비교할 원소 위치 1 증가
        }
        else//뒤쪽 배열의 원소가 크지 않을 때
        {
            tbase[index1+index2] = rbase[index2]; //뒤쪽 요소를 보관
            index2++; //앞쪽 배열에 비교할 원소 위치 1 증가
        }
    }
```

```
    if(index1==half_one) //앞쪽 배열의 원소는 모두 비교했을 때
    {
        while(index2 < half_two) //뒤쪽 배열의 원소에 모드 접근할 때까지
        {
            tbase[index1+index2] = rbase[index2]; //뒤쪽 배열의 원소를 보관
            index2++;//뒤쪽 배열에 비교할 원소 위치 1 증가
        }
    }
    else //뒤쪽 배열의 원소는 모두 비교했을 때
    {
        while(index1 < half_one)
        {
            tbase[index1+index2] = base[index1]; //앞쪽 배열의 원소를 보관
            index1++;//앞쪽 배열의 비교할 원소 위치 1 증가
        }
    }

    //원래 배열로 정렬된 것을 복사
    for(int i = 0; i<asize; i++)
    {
        base[i] = tbase[i];
    }
    delete[] tbase; //임시 저장에 사용한 메모리 소멸
}
```

A.7 힙 정렬 (Heap Sort)

힙 정렬은 힙 트리를 이용하여 정렬하는 알고리즘입니다. 힙 트리란 완전 이진 트리로 최대 힙과 최소 힙이 있습니다. 최대 힙은 언제나 부모의 키가 자식보다 크다는 것을 보장하는 힙 트리를 말합니다. 최소 힙은 언제나 부모의 키가 자식보다 작다는 것을 보장하는 힙 트리를 말합니다.

힙 트리의 경우 완전 이진 트리이며 배열로 표현할 수 있습니다. 인덱스 0에 있는 요소가 root이고 인덱스 1에 있는 요소가 root의 왼쪽 자식, 인덱스 2에 있는 요소가 root의 오른쪽 자식, 인덱스 3에 있는 요소가 root의 왼쪽 자식의 왼쪽 자식, … 과 같은 논리로 얘기할 수 있을 것입니다.

```
#define LEFT_CHILD(x)   (2*x + 1)
#define RIGHT_CHILD(x) (2*x + 2)
#define PARENT(x)       ((x-1)/2)
```

편의를 위해서 인덱스 0은 비워놓고 인덱스 1부터 사용하는 경우도 많지만 여기에서는 인덱스 0부터 사용하기로 하겠습니다.

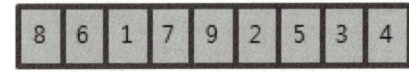

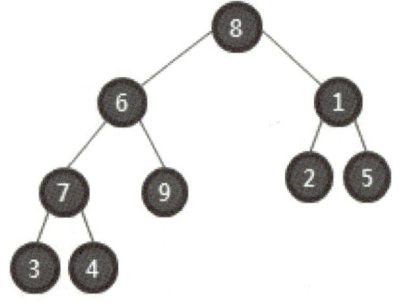

[그림 A16] 배열에 순차적으로 보관된 것을 완전 이진 트리로 도식

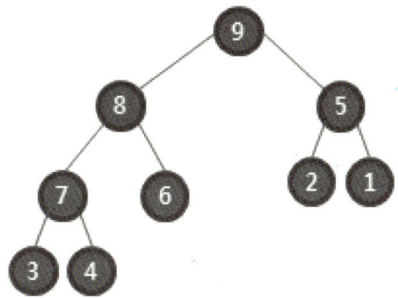

[그림 A17] 힙 트리의 예

힙 정렬은 크게 세 가지 동작을 반복해서 문제를 해결합니다. 첫 번째 동작에서는 입력된 배열을 가지고 초기 힙을 만드는 것입니다. 두 번째 동작은 힙 트리의 루트와 마지막 자식을 교환하는 것입니다. 세 번째 동작은 교환한 후에 마지막 자식을 배제한 상태에서 루트에 있는 요소가 힙 트리 논리에 맞게 자리를 찾는 과정입니다. 힙 정렬에서 첫 번째 동작은 초기에 한 번만 수행을 하면 되게 두 번째 동작과 세 번째 동작은 구성해야 할 힙 트리의 요소의 개수가 1보다 클 동안 반복해서 수행하게 됩니다. 이를 논리적으로 표현한다면 다음과 같이 표현할 수 있을 것입니다.

> 힙정렬(Arr: 보관된 메모리 주소, asize: 정렬할 원소 개수, compare: 비교 논리)
>   초기힙생성
>   반복문(asize가 1보다 클동안)
>   교환(Arr[0],Arr[asize-1])
>   asize를 1감소
>   힙구성(Arr,asize,compare)

```cpp
template <typename Element,typename Compare >
void heap_sort(Element *base,int asize,Compare compare)
{
    init_heap(base,asize,compare); //초기 힙 생성
    while(asize>1) //정렬할 요소 개수가 1보다 크다면
    {
        swap(base[0],base[asize-1]); //루트와 마지막 요소 교환
        asize--; //정렬할 요소 개수 1 감소
        make_heap(base,asize,compare); //힙 생성
    }
}
```

제일 먼저 초기 힙을 만드는 과정에 대해 알아보기로 합시다. 초기 힙은 요소를 하나씩 추가하면서 만들어지는 힙 트리를 말합니다. 새로운 요소를 힙에 마지막에 추가한 후에 자신의 부모보다 크면 부모와 자신을 교환하고 교환한 후에 다시 부모와 비교해 나가면 서 자신의 위치를 찾아가면 될 것입니다.

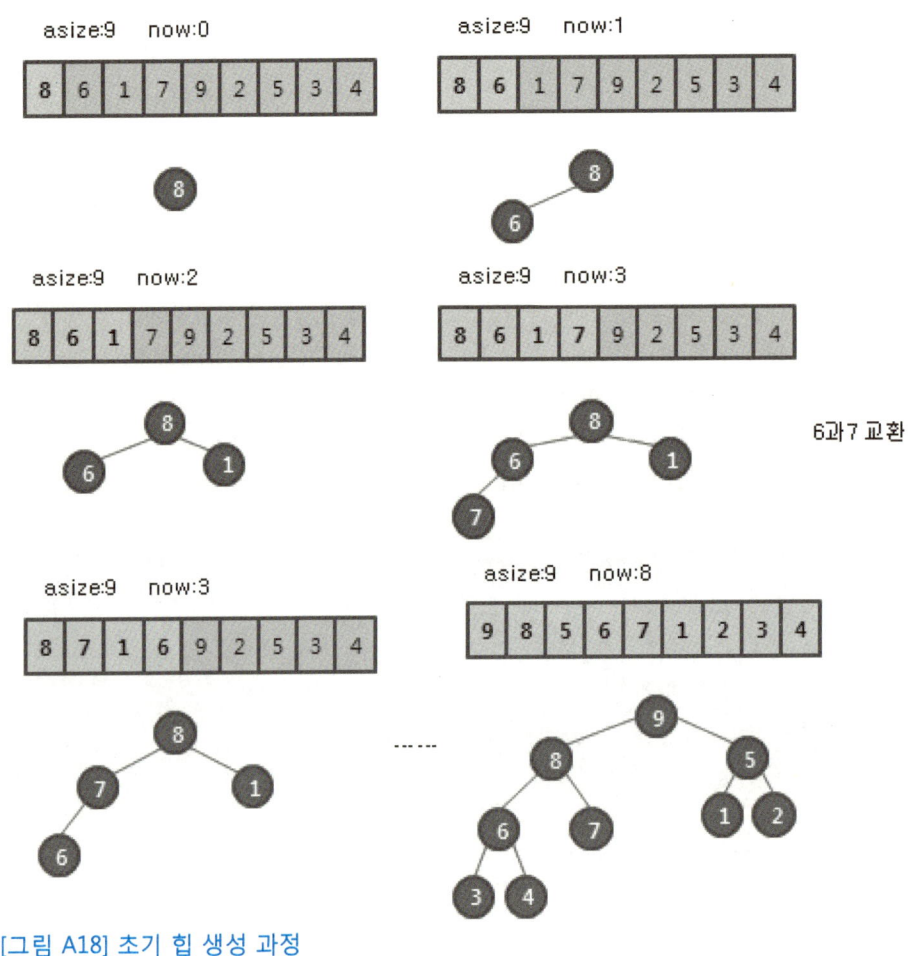

[그림 A18] 초기 힙 생성 과정

다음은 초기 힙 생성 과정에 대한 논리입니다.

초기힙생성(Arr: 보관된 메모리 주소, asize: 원소 개수, compare: 비교 논리)
　　now에 1로 대입
　　반복문A(now가 asize보다 작을동안)
　　　반복문B(now가 0보다 크다면)
　　　paretn에 PARENT(now) 대입
　　　조건문(comapre(Arr[now],Arr[parent])가 0보다 크다면)
　　　　교환(Arr[now],Arr[parent])
　　　　now에 parent를 대입
　　　그렇지 않다면
　　　　반복문B 탈출

```cpp
template <typename Element,typename Compare >
void init_heap(Element *base,int asize,Compare compare)
{
    int pa=0;
    //index 1에 있는 노드부터 차례대로 자신의 위치 찾기
    for(int now = 1; now<asize ; now++)
    {
        while(now>0)
        {
            pa = PARENT(now); //부모의 인덱스를 구한다.
            if(compare(base[now],base[pa])>0) //now가 부모보다 크다면
            {
                swap(base[now],base[pa]); //부모와 now를 교환
                now = pa; //now에 부모 위치 대입
            }
            else //now가 부모보다 크지 않다면 자기 자리를 찾았음
            {
                break;
            }
        }
    }
}
```

힙 정렬에서는 초기힙을 구성하고 나면 루트에 있는 요소와 마지막 요소를 교환한 후에 마지막 요소를 제외한 나머지 요소로 다시 힙을 구성합니다. 이를 반복하여 전체를 정렬 하는 것이 힙 정렬입니다.

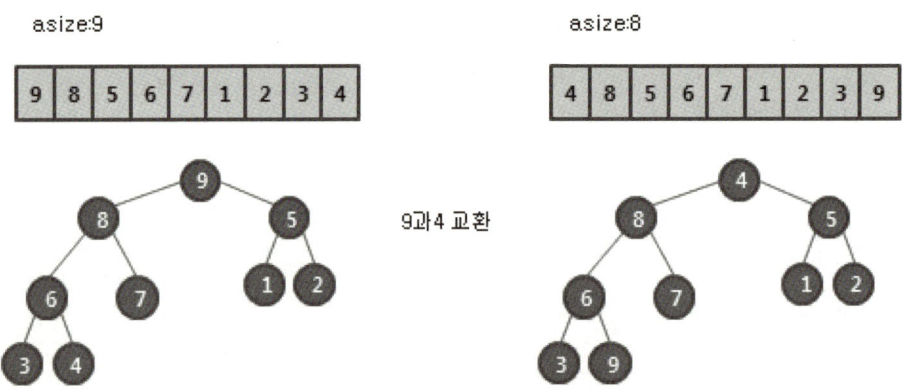

[그림 A19] 루트와 마지막 요소 교환

이번에는 루트 요소와 마지막 요소를 교환한 후에 마지막 요소를 제외한 나머지 요소들을 가지고 힙을 구성하는 과정을 알아봅시다. 루트와 마지막 요소를 교환하고 마지막 요소를 제외하면 루트의 서브 트리들은 힙 트리 논리에 맞게 되어 있는 상태입니다. 루트에 있는 요소를 자식 요소들과 비교하여 제일 큰 값을 갖는 것을 루트에 놓고 교환한 자신을 루트로 하는 서브 트리에서 이 논리에 반복해 나가면 될 것입니다. 즉, 교환하여 루트에 오게 된 요소가 들어갈 자리를 찾아나가는 논리라고 생각하시면 됩니다.

그리고, 힙 정렬의 경우 초기힙을 생성하는 비용은 각 요소가 자리를 찾는데 드는 비용이 트리의 높이보다 작거나 같기 때문에 O(nlogn)이라 할 수 있고 교환한 후에 힙을 구성하는 비용도 트리의 높이보다 작거나 같기 때문에 O(logn)이고 이를 반복한다고 하더라도 O(nlogn)입니다. 즉, 초기 힙 생성 비용과 힙을 구성하는 비용 모두 O(nlogn)이므로 힙 정렬에 들어가는 비용은 O(nlogn)이라 할 수 있습니다.

이에 대한 논리를 좀 더 자세히 기술하면 다음과 같이 표현할 수 있습니다.

> 힙구성(Arr: 보관된 메모리 주소, asize: 원소 개수, compare: 비교 논리)
> now에 0을 대입
> 반복문A(now의 왼쪽 자식 인덱스가 asize보다 작을동안)
>   now와 자식 중에 최대값을 찾아 max_index에 대입
>   조건문(now와 max_index가 같다면)
>   반복문A 탈출
>   교환(Arr[now],Arr[max_index])
>   now에 max_index 대입

이를 코드로 표현하면 다음과 같이 표현할 수 있겠죠.

```cpp
template <typename Element,typename Compare >
void make_heap(Element *base,int asize,Compare compare)
{
    int now = 0;
    int mp =0;
    while(LEFT_CHILD(now) < asize) //왼쪽 자식 위치< asize , (자식이 있다면)
    {
        int mp = findmaxindex(base,asize,compare, now); //now,자식중 최대값 위치 찾기
        if(mp == now) //now가 최대값이 있는 위치라면, now는 자신의 위치에 있는 것
        {
            break;
        }
        swap(base[mp],base[now]); //자신과 최대값의 위치를 바꿈
        now = mp; //now를 최대값이 있는 위치로 변경
    }
}
```

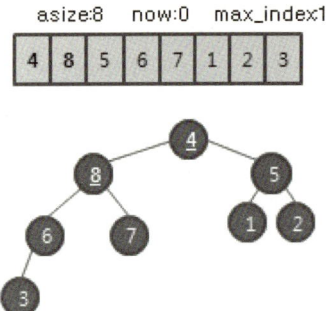

asize:8　now:0　max_index1

now에 있는 요소와 자식 중에서 제일 큰 값을 찾음
now에 있는 요소와 제일 큰 값에 있는 요소를 교환

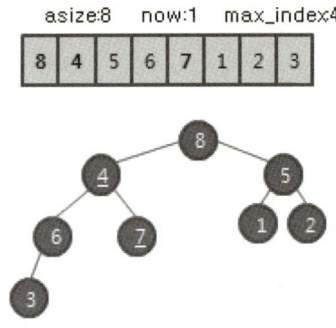

asize:8　now:1　max_index4

now에 있는 요소와 자식 중에서 제일 큰 값을 찾음
now에 있는 요소와 제일 큰 값에 있는 요소를 교환

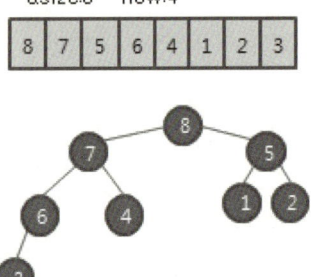

asize:8　now:4

[그림 A20]힙 구성 과정

```cpp
#define LEFT_CHILD(x)    (2*x + 1)
#define RIGHT_CHILD(x) (2*x + 2)
#define PARENT(x)        ((x-1)/2)
template <typename Element,typename Compare >
void heap_sort(Element *base,int asize,Compare compare)
{
    init_heap(base,asize,compare); //초기 힙 생성
    while(asize>1) //정렬할 요소 개수가 1보다 크다면
    {
        swap(base[0],base[asize-1]); //루트와 마지막 요소 교환
        asize--; //정렬할 요소 개수 1 감소
        make_heap(base,asize,compare); //힙 생성
    }
}
```

```
template <typename Element,typename Compare >
void init_heap(Element *base,int asize,Compare compare)
{
    int pa=0;
    //index 1에 있는 노드부터 차례대로 자신의 위치 찾기
    for(int now = 1; now<asize ; now++)
    {
        while(now>0)
        {
            pa = PARENT(now); //부모의 인덱스를 구한다.
            if(compare(base[now],base[pa])>0) //now가 부모보다 크다면
            {
                swap(base[now],base[pa]); //부모와 now를 교환
                now = pa; //now에 부모 위치 대입
            }
            else //now가 부모보다 크지 않다면 자기 자리를 찾았음
            {
                break;
            }
        }
    }
}
```

```
template <typename Element,typename Compare >
void make_heap(Element *base,int asize,Compare compare)
{
    int now = 0;
    int mp =0;
    while(LEFT_CHILD(now) < asize) //왼쪽 자식 위치< asize , (자식이 있다면)
    {
        int mp = findmaxindex(base,asize,compare, now); //now,자식중 최대값 위치 찾기
        if(mp == now) //now가 최대값이 있는 위치라면, now는 자신의 위치에 있는 것
        {
            break;
        }
        swap(base[mp],base[now]); //자신과 최대값의 위치를 바꿈
        now = mp; //now를 최대값이 있는 위치로 변경
    }
}


//now와 자식 중에 최대 값이 있는 위치 찾기
template <typename Element,typename Compare >
int findmaxindex(Element *base,int asize,Compare compare,int now)
{
    int lc = LEFT_CHILD(now); //왼쪽 자식 인덱스 구하기
    int rc = RIGHT_CHILD(now); //오른쪽 자식 인덱스 구하기

    if(lc>=asize) //왼쪽 자식 인덱스가 원소 개수보다 크거나 같을 때, 자식이 없을 때
    {
        return now;
    }
```

```
if(rc>=asize) //오른쪽 자식 인덱스>=원소 개수, 오른쪽 자식 없음
{
    if(compare(base[now],base[lc])<0) //now보다 왼쪽 자식이 클 때
    {
        return lc; //왼쪽 자식 인덱스 반환
    }
    return now;
}

if(compare(base[now],base[lc])<0) //now보다 왼쪽 자식이 클 때
{
    if(compare(base[lc],base[rc])<0) //왼쪽 자식보다 오른쪽 자식이 클 때
    {
        return rc; //오른쪽 자식이 최대
    }
    return lc; //왼쪽 자식이 최대
}

//now보다 왼쪽 자식이 크지 않을 때
if(compare(base[now],base[rc])<0) //now보다 오른쪽 자식이 클 때
{
    return rc;
}
return now;
}
```